高等教育艺术设计系列教材

U0155103

室内设计概论

（第2版）

主　编　肖友民
副主编　马玉兰　林　蛟　周梦琪　田　磊　杨志樊

清华大学出版社
北京

内 容 简 介

本书对古今中外各国室内设计史的基本情况、风格流派、现代室内设计发展趋势进行了比较全面的介绍。全书强调知识结构的完整性,理论内容扎实、易懂,并配有大量国内外最新的图片资料加以说明,力求具有鲜明的专业性和时代性。本书的编写参考了国内外与室内设计相关的理论、技术、实务等专业的大量资料,结合目前我国建筑学专业和环境艺术专业高等院校教学的特点,采用严谨的文体框架、新颖的案例题材,同时注意理论联系实际。

本书可以作为高等学校环境艺术设计相关专业学生的教材,也可以作为相关专业人员的参考资料。

本书封面贴有清华大学出版社防伪标签,无标签者不得销售。

版权所有,侵权必究。举报:010-62782989,beiqinquan@tup.tsinghua.edu.cn。

图书在版编目(CIP)数据

室内设计概论/肖友民主编.—2版.—北京:清华大学出版社,2023.5(2024.9重印)
高等教育艺术设计系列教材
ISBN 978-7-302-63571-0

Ⅰ. ①室… Ⅱ. ①肖… Ⅲ. ①室内装饰设计－职业教育－教材 Ⅳ. ①TU238.2

中国国家版本馆 CIP 数据核字(2023)第 088520 号

责任编辑:张龙卿
封面设计:曾雅菲 徐巧英
责任校对:李 梅
责任印制:曹婉颖

出版发行:清华大学出版社

网　　　址:https://www.tup.com.cn, https://www.wqxuetang.com
地　　　址:北京清华大学学研大厦 A 座　　　邮　　编:100084
社 总 机:010-83470000　　　邮　　购:010-62786544
投稿与读者服务:010-62776969,c-service@tup.tsinghua.edu.cn
质量反馈:010-62772015,zhiliang@tup.tsinghua.edu.cn
课件下载:https://www.tup.com.cn, 010-83470410

印 装 者:三河市君旺印务有限公司
经　　销:全国新华书店
开　　本:210mm×285mm　　　**印　　张:**9.75　　　**字　　数:**266 千字
版　　次:2009 年 7 月第 1 版　2023 年 7 月第 2 版　　　**印　　次:**2024 年 9 月第 2 次印刷
定　　价:69.00 元

产品编号:101524-01

第2版前言

习近平总书记在党的二十大报告中指出：教育、科技、人才是全面建设社会主义现代化国家的基础性、战略性支撑。必须坚持科技是第一生产力、人才是第一资源、创新是第一动力，深入实施科教兴国战略、人才强国战略、创新驱动发展战略，这三大战略共同服务于创新型国家的建设。

室内设计是在科学技术、商业经济、文化艺术全面发展的基础上逐步发展起来的一门新兴学科。世界各地的室内设计历史及风格流派有很多值得我们学习、借鉴的地方。室内设计是科学与艺术相结合的学科，室内设计师自身的修养与其设计的作品质量密切相关，真正的设计应该是原创，所有的原创作品都是建立在了解室内设计历史的基础上。

21世纪以来，特别是中国加入WTO并融入全球化经济轨道之后，各行各业的建设步伐迅速加快，室内设计在提高人们生活质量，美化人们居住环境，促进科学、经济、商业现代化等方面，发挥着越来越重要的作用。

本书第1版自出版以来广受学校及读者的欢迎。第2版在第1版的基础上做了适时更新，替换了部分过时的图片及理论，引入了室内设计的一些新理念，力图使本书有更好的教学效果。

本书强调知识结构的完整性、文字的可读性及知识点的实用简明性。理论内容扎实、易懂，并配有大量国内外最新的图片资料加以说明，力求具有鲜明的专业性和时代性。通过本书的学习，会对古今世界室内设计史、风格流派、现代室内设计发展趋势有一个基础性的理解。

本书的编写参考了一些与室内设计相关的理论、技术、实务等专业书籍，结合了目前我国建筑学专业和环境艺术专业教学的特点。全书理论系统完整，文体框架严谨，案例题材新颖，理论联系实际。

在本书编写过程中，杨雪、王珊、徐杰、于潇等人也参加了部分内容的编写，在此一并表示感谢。另外，本书参考了大量图片及资料，有些无法联系到作者，在此对他们表示衷心的感谢。

本书在编写过程中可能存在一些疏漏，敬请读者批评、指正。

编 者
2023年1月

目　录

室内设计概论（第2版）

第6章 当代中国的室内设计 **108**

室内设计概论（第2版）

第1章 室内设计概述

本章要点

现代室内设计也称为室内环境设计。室内环境是与人们的生活关系最为密切的环节。室内环境的内容涉及如下室内客观环境因素：由界面围成的空间形状、尺寸；室内声、光、热环境；室内空间环境（空气质量、有害气体和粉尘含量、放射剂量……）等。

现代室内设计作为一门新兴的学科，尽管只有几十年的时间，但人们有意识地对室内进行安排布置、美化装饰，赋予室内环境以所希望的气氛，早已从人类文明伊始就存在了。从人类营造建筑开始，室内装饰就伴随着建筑的发展而演化出众多风格各异的样式。

1.1 第二次世界大战前后的建筑文化思潮

1.1.1 第二次世界大战前后现代建筑文化的兴起

第二次世界大战前后，整个世界动荡不已，社会政治经济演变迅速。第一次世界大战使欧洲许多地区遭到严重破坏，大部分国家都陷于经济和政治危机之中。1929 年从美国开始蔓延至全世界的空前罕见的经济危机打断了各国的经济复苏，并最终导致了更残酷的第二次世界大战。在第二次世界大战前后一段时间内，尽管政治经济出现大动荡，但建筑科学技术却有了较大的发展。新材料和新技术得到不断地完善和推广，高层钢结构的自重日趋减轻，并出现了全部焊接的钢结构房屋，大量应用钢筋混凝土整体框架；在电影院、室内体育馆和飞机库等大跨度建筑中，壳体结构的出现具有重大意义。新的建筑材料也陆续用于建筑，铝材开始用作窗框，不锈钢和搪瓷钢板用作建筑饰面材料，致使玻璃产量很快增加，改进品种增多。建筑设备的发展也大大加快，电梯速度大大提高，磨砂灯泡及日光灯陆续出现，家用电器设备迅速增多，空调设备开始推广，这些发展使房屋不再只是一个空壳。建筑施工技术也相应提高，出现了以纽约帝国大厦为代表的高层建筑。同时，工业和科学技术迅速发展，社会生活方式飞速变化，建筑物功能要求日益复杂，新的建筑类型不断出现，这些都直接或间接地影响了建筑活动和建筑文化,有力地促进了建筑革新运动的兴起。

第二次世界大战前的二十年里,西欧各国的建筑界呈现出空前活跃的局面。人们从不同角度出发,抓住不同的重点,循着多种途径对新建筑的形式问题进行试验和探索,其中比较重要的派别有表现派、未来派、风格派和构成派。表现派的建筑师常常采用奇特、夸张的建筑体表现某些思想情绪,象征某种时代精神。未来派的建筑师对资本主义的物质文明大加赞赏,对未来充满希望,他们赞美现代大城市,对现代生活的运动、变化、速度、节奏表示欣喜,否定文化艺术的规律和任何传统,宣称要创造出一种全新的未来的艺术。未来派虽然没有实际的建筑作品,但是他们的观点和设想对第二次世界大战前后的部分建筑师都有很大影响。风格派和构成派的建筑师热衷于几何形体、空间和色彩的构图效果。他们在造型和构图的视觉效果方面进行的试验和探索对现代建筑及实用工业品的造型设计具有启发意义。这些派别作为独立的流派存在的时间不长,它们没有提出和解决建筑发展所涉及的许多根本性问题,但它们对现代建筑的发展却产生了不同程度的影响。

建筑应当朝哪个方向发展? 建筑如何同迅速发展的工业和科学技术相配合? 怎样满足现代社会生产和生活提出的各种复杂的建筑功能要求? 应当怎样处理继承和革新的矛盾? 怎样创造新的建筑风格? 建筑师如何改进自己的工作方法? ……在第二次世界大战前后西欧社会经济条件下,建筑发展中这些久已存在的各种矛盾进一步激化,创造新建筑的历史任务更加尖锐地摆在建筑师的面前。在这种形势下,一批思想敏锐而且具有一定建筑经验的年轻建筑师在前人革新实践的基础上,提出了比较系统而彻底的建筑改革主张。德国的瓦尔特·格罗庇乌斯 (Walter Gropius,1883—1969)、路德维希·密斯·凡·德·罗 (Ludwing Mies Van Der Rohe,1886—1969) 和法国的勒·柯布西耶 (Le Corbusier,1887—1965) 是其中的突出代表,他们在第一次世界大战之前就有设计房屋的实际经验,对于现代工业对建筑的要求有比较直接的了解。他们脱离了学院派建筑的影响,选择了建筑革新的道路。1919 年,格罗庇乌斯当上一所设计学校的校长,他立即改组这所学校,聘请一批激进的年轻艺术家当教师,推行一套新的教学制度和教学方法。他领导的这所包豪斯 (Bauhaus) 学校立即成

了最激进的建筑设计中心。1920 年勒·柯布西耶在巴黎同一些年轻的艺术家和文学家创办了《新精神》杂志,写文章鼓吹创造新建筑。1923 年他出版《走向新建筑》一书,强烈批判保守派的建筑观点,为新建筑运动提供了一系列理论根据。这本书的出版,表明了新建筑运动高潮的到来。密斯·凡·德·罗在第一次世界大战战后初期热心于绘制新建筑的蓝图。在 1919—1924 年,他提出了玻璃和钢的高层建筑示意图、钢筋混凝土结构的建筑示意图等。他通过精心推敲的建筑形象向人们证明,摆脱旧的建筑观念的束缚之后,建筑师完全能够创造出清新、活泼、优美动人的新的建筑形象。20 世纪 20 年代后期,随着西欧经济形势的好转,格罗庇乌斯等人有了较多的实际建造任务。他们陆续设计出了一些反映他们的主张的成功的建筑作品。其中包括 1926 年格罗庇乌斯设计的包豪斯校舍, 1928 年勒·柯布西耶设计的萨伏伊别墅,1929 年密斯·凡·德·罗设计的巴塞罗那展览会德国馆等。有了比较完整的理论观点和一批有影响的建筑实例,又有了包豪斯的教育实践,到 20 世纪 20 年代后期,革新派的队伍迅速扩大,声势日益壮大,步伐也渐趋一致。他们形成了以下一些共同特点。

(1) 重视建筑物的使用功能并以此作为建筑设计的出发点,提高建筑设计的科学性,注重建筑使用时的方便和效率。

(2) 注意发挥新型建筑材料和建筑结构的性能特点。例如,框架结构中的墙是不承重的,在建筑设计中就充分运用这个特点而绝不按传统承重墙的方式去对待它。

(3) 努力用最少的人力、物力、财力造出适用的房屋,把建筑的经济性提到了重要的高度。

(4) 主张创造建筑新风格,坚决反对套用历史上的建筑样式。强调建筑形式与内容(功能、材料、结构、工艺)的一致性,主张灵活自由地处理建筑造型,突破传统的建筑构图格式。

(5) 认为建筑空间是建筑的主角,建筑空间比建筑平面或立面更重要。强调建筑艺术处理的重点应该从平面和立面构图转到空间和体量的总体构图方面,并且在处理立体构图时考虑到人观察建筑过程中的时间因素,产生了"空间—时间"的建筑构图理论。

(6) 废弃表面外加的建筑装饰,认为建筑美的基础在于建筑处理的合理性和逻辑性。这样一些建

筑观点被许多人称为建筑中的"功能主义",有时称作"理性主义",近来又有人把它称为"现代主义",此外还有其他的名称。为了把这种建筑思想同其他的流派区别开,上述建筑思想被称为 20 世纪 20 年代欧洲现代建筑思潮。

1928 年,国际现代建筑协会在瑞士成立,现代建筑派有了自己的国际性组织。在 1933 年的雅典会议上,与会者专门研究现代城市建设问题,提出了一个城市规划大纲,即著名的"雅典宪章"。这标志着第二次世界大战前夕,现代建筑文化已经成为当代世界建筑中占主导地位的建筑潮流。

1.1.2　第二次世界大战后最主要建筑思潮及其风格流派的形成

第二次世界大战后,世界政治经济格局发生剧烈变化。尖端科学在战后得到日新月异的发展并且对工业生产的影响也日益扩大。工业的高速发展加深且恶化了城市问题、污染问题,而建筑材料、建筑设备、建筑机械和建筑运输的突飞猛进,使建筑本身作为一种工业产品的发展更为突出。这些因素深刻地影响到建筑活动和建筑设计思想,使得战后的建筑活动和建筑思潮发生了很大而且很多的变化。大致可以分成以下三个阶段。

一是 20 世纪 40 年代末至 50 年代下半叶,这是欧洲的理性主义在新形势下的普及、成长与充实时期,也是其中某些方面的片面突出与片面发展时期。在这个阶段中影响最大的是以密斯·凡·德·罗为代表的设计师讲求技术精美的倾向。然而更普遍的是受现代建筑教育与影响而成长起来的设计师对"理性主义"有充实与提高的倾向。此外,以奥尔托为代表的"地方性""人情化"和以莱特为代表的"有机建筑"的影响也不小。二是 20 世纪50 年代末至 60 年代末,是现代建筑形式进入快速发展的时期,也是现代建筑的第一代元老开始受到第二代与第三代的后起之秀挑战的时期。也有人将之称为粗野主义和典雅主义平分秋色的时代。粗野主义的代表人物是勒·柯布西耶和英国的彼得·史密森夫妇 (Alison & Peter Smithson,1928—1993, 1923—2003)。也有人称典雅主义为新古典主义和新复古主义,它以美国的第二代建筑师菲利普·约翰逊 (Phillip Johnson,1906—2005)、爱德华·达雷尔·斯通 (Edward Durell Stone, 1902—1978) 和米诺儒·雅马萨奇

(Minoru Yamasaki, 1912—1986) 等为代表。但是在此阶段,追求技术精美的倾向和致力于对理性主义进行充实与提高的倾向仍然活跃。除此之外,还出现了各种既承认现代建筑设计原则,又努力讲究个性和象征的倾向,标榜性地采用与表现新技术的高度工业技术倾向也有一定市场。三是 20 世纪60 年代末之后,形式各异与各有千秋的现代建筑仍然占主导地位,但是一支企图从根本上否定现代建筑设计原则的、自称为现代主义之后派的思潮开始涌现,其主要特点是讲究建筑的形与意。

1. 精美主义建筑

精美主义 (aestheticism) 讲求技术精美的倾向是 20 世纪 40 年代末至 50 年代下半期占主导地位的设计倾向,它最先流行于美国,在设计方法上属于比较"重理"的。人们常把以密斯·凡·德·罗为代表的纯净、透明与施工精确的钢和玻璃方盒子作为这一倾向的代表,密斯·凡·德·罗也因此在第二次世界大战后的十年中成为建筑界中最显赫的人物。这种倾向的特点是全部用钢和玻璃来建造,构造与施工非常精确,内部没有或有很少的柱子,外形纯净、透明、清澈,表明建筑的材料、结构与它的内部空间。范斯沃斯住宅、湖滨公寓、纽约西格拉姆大厦、伊利诺伊工学院克朗楼和西柏林新国家美术馆是第二次世界大战后讲究技术精美的主要代表作。以钢和玻璃的"纯净形式"为特征的讲究技术精美的倾向到 20 世纪 60 年代末开始降温。自 70 年代资本主义世界的经济危机与能源危机后,精美主义建筑现在时而会被作为浪费能源的标本而受到指责。

2. 粗野主义建筑

粗野主义 (brutalism) 是 20 世纪 50 年代后期到 60 年代中期喧噪一时的建筑设计倾向。粗野主义名称最初是由英国的一对第三代建筑师史密森夫妇于 1954 年提出的。史密森说:"假如不把粗野主义试图客观地对待现实这回事考虑进去——社会文化的种种目的,其确切性、技术等——任何关于粗野主义的讨论都是不中要害的。粗野主义者想要面对一个大量生产的社会,并想从目前存在着的混乱的强大力量中牵引出一阵粗鲁的诗意来。"这说明粗野主义不单是一个形式问题,而是同当时社会的现实要求与条件有关的。可能这个名称使人联想到勒·柯布西耶的马赛公寓大楼与昌迪加尔行政中心的毛糙、沉重与

粗鲁感,于是粗野主义这顶帽子被戴到马赛公寓大楼与昌迪加尔行政中心建筑群的头上了。

讲求技术精美的倾向是不惜重金地极力表现优质钢和玻璃结构的轻盈、光滑、晶莹、端庄及其与材料和结构一致的"全面空间";而粗野主义则要经济地,从不修边幅的钢筋混凝土（或其他材料）的毛糙、沉重与粗野感中寻求形式上的出路。单从形式上看,粗野主义的表现是多种多样的,但总的来说,它在欧洲比较流行,在日本也相当活跃。但到20世纪60年代下半期以后逐渐销声匿迹。

3. 形式美主义

典雅主义（formalism）是同粗野主义并进,然而在艺术效果上却与之相反的一种倾向,不过两者从设计思想上说都是比较"重理"的。粗野主义主要流行于欧洲,典雅主义主要在美国,前者的美学根源是第二次世界大战前现代建筑中对材料与结构的"真实"表现,后者则致力于运用传统的美学法则来使现代的材料与结构产生规整、遍地开花与典雅的庄严感。典雅主义的代表人物主要为美国的约翰逊、斯通和雅马萨奇等建筑师。可能他们的作品使人联想到古典主义或古代的建筑形式,于是典雅主义又称新古典主义、新帕拉第奥主义或新复古主义。作为一种风格,典雅主义与其他风格一样,的确有许多肤浅的粗制滥造的作品,但是,具有典雅主义风格的作品中却也有不少是功能、技术与艺术上均能兼顾并相当有创造性的。美籍日裔建筑师雅马萨奇主张创造"亲切与文雅"的建筑,他在创造典雅主义风格中特别倾向于"尖"（左"石"右"旋"）。如1964年在西雅图世界展览会中的科学馆,1973年纽约世界贸易中心的底层处理,都是采用尖的形式。虽然有人把这样的处理称为新复古主义,然而,它们都是在一定程度上与结构相结合的。典雅主义倾向在某些方面讲求技术的精美。精美主义是讲求钢和玻璃结构在形式上的精美,而典雅主义则是讲求钢筋、混凝土、梁柱在形式上的精美。

4. 新理性主义

新理性主义（neo-rationalism）酝酿、发源于20世纪60年代的欧洲,主要成员包括卡洛·艾莫尼诺（Carlo Aymonino,1926—2010）、阿尔多·罗西（Aldo Rossi, 1931—1997）、罗伯特·克里尔（Robert Krier,1938— ）和莱昂·克里尔（Leon Krier,1946— ）等人,其中尤以罗西和克里尔兄弟为代表。它与诞生在美国的后现代主义构成了当今世界建筑思潮的两大倾向。

新理性主义又称坦丹萨（Tendenza）学派,它是从罗西1966年写的《城市建筑》和格拉西1969年写的《建筑的逻辑结构》这两本特别具有创新意义的著作开始的。

新理性主义基本上承袭了20世纪20年代产生于意大利的理性主义。1926年理性主义运动的宣言中指出:"新的建筑、真正的建筑应当是理性和逻辑的紧密结合……我们并不刻意创造一种新的风格……我们不想和传统决裂,传统本身也在演化,并且总是表现出新的东西。"理性主义的建筑往往采用简单的几何形,但却建立在历史的基础上,有深刻的历史内涵。因此,理性和情感的结合、抽象和历史的结合构成理性主义的主要特征,也与现代主义有重要区别。

阿尔多·罗西对新理性主义的发展起到了至关重要的作用。与罗西不同,克里尔兄弟在类型学的基础上,建立了一整套有关城市形态学方面的理论。新理性主义和后现代主义同时诞生在20世纪60年代,他们都针对已逐渐教条和僵化的现代主义提出质疑和修正,而且同样主张回到传统中去学习,从传统中寻找失去的意义。

5. 解构主义及后构成主义

解构主义是后结构主义哲学家雅克·德里达（J.Jacques Derrida,1930—2004）的代表性理论,在哲学、语言学和文艺批评领域被译作消解哲学、解体批评、分解论、解构和解构主义等。

后结构主义否定解构主义把语言当成一个封闭的、稳定的、有明确含义的结构体系,认为语言的含义不在语言符号本身,而在于符号与符号之间的比较和差异之中。

由于建筑现象的复杂,加上人为的复杂表述,解构在建筑中的含义很不容易确切表达,许多被认为是解构主义的作品,与解构理论之间并无直接关系。概括地说,建筑中的解构（或解构主义建筑）是指后结构主义的解构理论在建筑创作中的反映。

1.1.3 第二次世界大战后建筑流派代表人物及其代表作

1. 以德国建筑师密斯·凡·德·罗为代表人物的精美主义

密斯一直强调建筑要去掉装饰,于是有了1950年H&A(Harrison & Abramowitz)事务所设计的39层的纽约联合国总部(UN Headquarters)。但是由于没有用玻璃幕墙,效果并不太好。新的高层建筑这时还在摸索阶段。1952年SOM事务所设计出纽约利华大厦(Lever Building,22层)之后,大家意识到这才是建造高楼应该走的路。于是有了1953年密斯设计的芝加哥湖滨公寓。作为高层建筑,利华大厦是一个标志,西格拉姆大厦就是业主(西格拉姆威士忌酒业公司)因受利华大厦的影响而萌生了建造意向。一些大公司、大财团的热情和密斯的努力促进了高层建筑方面的技术进步。其中最主要的就是金属玻璃幕墙。由于具有重量轻、便于安装等特点,它几乎是现代"密斯风格"摩天大楼的标准外衣。不过在单透光性(保护隐私),以及既透过阳光又能绝热(否则大厦的中央空调就没有意义了)等问题上,金属玻璃幕墙还不算尽善尽美,城市里越来越严重的"光污染"也是对它的一个挑战。

2. 以英国的史密森夫妇为代表人物的粗野主义

粗野主义是追溯勒·柯布西耶的一个重要的群体,代表人物是英国的艾莉森·布鲁克斯(Alison Brooks,1962—)和彼得·史密森夫妇,这个不太雅观的名字就是他们起的。他们看中的是勒·柯布西耶在马赛公寓和昌迪加尔城的建筑中的直接和不加修饰——用当时还少见的混凝土预制板直接相接,没有修饰,预制板没有打磨,甚至一些安装留下的痕迹也保留着。他们认为这种简洁是解决当时社会经济困难甚至伦理困难的一个途径。其代表建筑有英国的Hunstanton学校(1954)。当时受粗野主义影响的还有英国的詹姆斯·斯特林爵士(Sir James Sterling,1926—1992)、美国的保罗·鲁道夫(Paul Rudolph,1918—1997)、日本的前川国男(Maekawa Kunio,1905—1986)、丹下健三(Kenzo Tange,1913—2005)等人,对

后人影响更大的是斯特林和丹下健三。

丹下健三的老师是前川国男。前川国男是第一批出国学建筑的日本留学生,他留学时的老师就是柯布西耶,所以前川国男可以说是个坚定的粗野主义者。他设计的建筑有1961年的京都文化会馆和东京文化会馆。丹下健三曾经是日本建筑界当之无愧的第一人,他的风格比较全面,还曾为东京的发展提出过规划。他的代表建筑——1964年东京奥运会建的代代木体育馆使用了当时还不多见的悬索技术。但在对混凝土的偏爱上,可见他受前川国男的影响,还是比较倾向于粗野主义的,如仓敷市厅舍(即市政府)。

3. 以美国的菲利普·约翰逊为代表人物的典雅主义

说到菲利普·约翰逊,有必要讲一下SOM事务所。这个事务所设计了很多高层建筑,几乎成了高层建筑的代名词,比如同在芝加哥的约翰·汉考克大厦(John Hancock Center,1970,100层)和西尔斯大厦(Sears Tower,1974,110层),都曾经是世界第一高楼。H&A事务所也不甘寂寞,他们设计了匹兹堡的美国钢铁公司大厦(1971,64层)。这两个事务所,再加上DMJM、Glenn以及TAC,并称为当时美国建筑设计界的5大设计事务所。一时间,钢框架、玻璃幕墙、外形简单的高层建筑成了大都市市中心的一景。建筑评论界和业主都喜欢这样的"方盒子"。就是在这个似乎高枕无忧的时候,菲利普·约翰逊离开了密斯,因为他不满意这样的简单。偶像破灭之后,人往往陷入虚无主义,约翰逊也一样,他后来总说自己没有信条。但从其后来的设计中还是可以看出他有些偏爱,就是在简单实用的基础上有意地加上装饰,这种风格被称为典雅主义(又译作形式主义),代表建筑有AT&T大厦(AT&T Building,1984),屋顶明显是在模仿希腊神庙的山花;他的另一处著名建筑是纽约林肯艺术中心的州立剧院(NY State Theater,Lincoln Cultural Center,1964),门前的柱廊明显也是在模仿希腊神庙。纽约林肯艺术中心可以说是典雅主义的一个展览,设计者除了约翰逊,还有H&A和SOM的各一位主将以及小沙里宁。 约翰逊的典雅主义应该说是在和粗野主义的斗争中渐渐成长起来的。

4. 以埃罗·沙里宁为代表人物的高科技派

高科技派的代表之一是老沙里宁的儿子埃罗·沙里宁（EeroSaarinen，1910—1961）。他是一个风格多变的建筑师，曾经仿效密斯设计了底特律的通用汽车技术中心（Technical Center forGeneral Motors，1955）。但是他最著名的设计是纽约肯尼迪机场环球航空公司候机楼（TWA Terminal, Kennedy Airport, 1962）和华盛顿杜勒斯国际机场候机楼（1963），这两个候机楼造型奇特并且运用了薄壳、悬索等当时最新的技术。要知道当时喷气客机本身也在发展之中，这些机场从整体上说就是"技术至上论"的最好注释。虽然现代派对装饰的厌恶现在在他这里看不到了，但应该说密斯在西格拉姆大厦中使用大量先进技术对小沙里宁转向高技术领域还是起到了一定的作用。这在小沙里宁的学生西萨·佩里（Cesar Pelli，生于阿根廷，后入美国籍，1926—2019）身上可以看出来。西萨·佩里最出名的设计是洛杉矶的太平洋设计中心（Pacific Design Center，1971），他也因这座建筑得到了"蓝鲸"的外号。但他主要的设计仍然遵从密斯的玻璃外墙和钢结构的思路，只是融入了很多技术，使他造高楼的理想在"密斯风格"已不再流行的情况下继续得到实现。他被人称作"乐观主义派"，也许叫"理想高楼主义派"更合适一些。西萨·佩里的"理想高楼主义"的一个成功案例是在马来西亚首都吉隆坡的双子楼Petronas Towers，楼高452米，建造于1998年。直到2003年中国台北101大楼建成后，它才失去世界第一高楼的地位。

前面提到丹下健三对技术比较重视，他的学生黑川纪章（Kisho Kurokawa，1934—2007）对此就很热衷。他和其他人在1960年提出了一个新陈代谢主义（metabolism）来反对现代派把建筑简化成机器的主张，后来他的老师也参加了这个派别。他的这个提法其实和赖特的"有机建筑"有异曲同工之处，但其东方味道和思辨的成分更多些。不过黑川纪章不像赖特那样不信任技术，他把新陈代谢主义的实现完全建立在技术进步的基础上。用新技术来反对旧技术，其实是当时以及以后很长时间内日本人的一个总体倾向。总的来说，虽然新陈代谢主义强调要从日本的传统文化中寻找设计源泉，但他们仍可以算作高科技派中的一部分。黑川纪章最出名的设计是1970年大阪世博会上展出的实验性房屋（Takara Beautilion）。

相对来说，矶崎新（Arata Isozaki，1931—2019）虽然也是丹下健三的学生，但他却对新陈代谢主义并不热衷。面对现代派的困境，他走的是一条折中的路线，也就是把西方和日本的建筑元素综合运用。有人因此评价他是个"手法主义"者。他心中始终对日本神话中的"天柱"情有独钟，他的很多设计中都有它的形象。矶崎新的代表建筑有洛杉矶当代艺术中心（Los Angeles Museum of Contemporary Art，1986）。和矶崎新类似，依旧生活在现代派影响之下的还有贝聿铭。他是格罗庇乌斯的学生。走出校门后他先是密斯的追随者，现代派倒台之后，他又走上了折中和手法主义的道路。他最早出名的作品是肯尼迪纪念图书馆（J.F.K.Memorial Library，1964）的设计，后来有美国国家美术馆东侧大楼（East Building of National Gallery of Art，1978）以及罗浮宫前的玻璃金字塔（1989）和香港中银大厦（1990）。

5. 以意大利特拉尼为代表人物的理性主义

朱塞普·特拉尼（Giuseppe Terragni，1904—1943）的建筑师生涯极为短暂，但他却设计了一些影响重大的建筑，是意大利现代主义运动中的先锋式人物。他是意大利理性主义建筑师"七人小组"的核心人物，直接领导了意大利的理性主义运动。他努力使建筑脱离新古典和新巴洛克化的倾向。在1926年他和"七人小组"的其他改革分子发表的宣言使他们成为这场与复古主义抗争中的领袖。在短短的13年职业生涯中，特拉尼虽然设计了很少的作品，但这些作品却意义非凡，它们中的大多数都在科莫（Gomo），科莫也因此成为意大利现代主义建筑的中心。特拉尼受到了乔瓦尼·穆齐奥（Giovanni Muzio，1893—1982）的很大影响，他于1928年在考莫以他的新公社公寓开创了自己的事业。这幢对称的5层楼公寓以"跨洋大厦"闻名，表现了理性主义建筑师对大量采用的夸张的变位手法的关注。按照古典规范，该建筑的转角应当加固，然而在这里它们却被戏剧性地切掉，以便暴露出玻璃柱体。这些柱体的顶部配置了厚重的顶层，并与第三层阳台挑出部分和笨重的第二层在构图上组合起来。特拉尼顽固坚持一种"透明建筑学"——这是未来派把街道伸入建筑内的纲领的升华，并首次在他的集团公寓中体现。而后，这一点作为一个持久的趋向贯穿于他全部的公共建筑作品之中，如从 1934 年建于艾契尔山口的萨尔法蒂纪念碑到 EUR 会议厅的最终设计。而在但丁公寓中的"天堂"部分则达到了极端的透明性，在这里采用了 33 根玻璃柱和玻璃天棚。此外，特拉尼还通过两种基本手法实现了一种构思上的透明性，这两种手法被机智地融合在他于 1936—1937 年设计的米兰 7 属公寓（鲁斯蒂契公寓）之中。

6. 以美国设计师弗兰克．盖里为代表人物的解构主义

解构主义（deconstructionism）这个名称是从结构主义（structuralism）中演化出来的。结构主义理论是一种社会学方法，其目的在于给人们提供理解人类思维活动的手段。解构主义实质是对结构主义的破坏和分解。解构主义是在现代主义面临危机，而后现代主义却又被某些设计家们厌恶，作为后现代主义时期的探索形式之一而产生的。盖里被认为是世界上第一个解构主义的建筑设计家。弗兰克·盖里（Frank O.Gehry, 1929—　）生于加拿大多伦多，17 岁随家人迁居到洛杉矶。他住在洛杉矶海滨城市摩尼卡，不但住房是自己设计的，他还为该城市设计了大量的建筑。1962 年他成立盖里事务所后，开始逐步采用解构主义的哲学观点并融入自己的建筑中。他的作品反映出对现代主义的总体性的怀疑，对整体性的否定，对部件个体的兴趣。他设计的巴黎的"美国中心"、洛杉矶的迪士尼音乐中心、巴塞罗那的奥林匹亚村都具有鲜明的解构主义特征。盖里的设计会把完整的现代主义、结构主义建筑整体打破，然后重新组合，形成一种所谓"完整"的空间和形态。他的作品具有鲜明的个人特征。他重视结构的基本部件，认为基本部件本身就具有表现的特征，完整性不在于建筑本身总体风格的统一，而在于部件个体的充分表达。虽然他的作品基本都有破碎的总体形式特征，但是这种破碎本身就是一种新的形式，是他对空间本身的重视，使他的建筑摆脱了现代主义、国际主义建筑设计的所谓总体性和功能性细节而具有更加丰富的形式感。如果说保罗·兰德（Paul Rand, 1914—1996）把

解构主义的方法运用到极致，那么盖里的设计则充分体现了解构主义的灵魂。

1.2　室内设计的内容和范畴

室内环境是与人们生活关系最为密切的环节。室内环境的内容涉及由界面围成的空间形状、尺寸，室内声、光、热环境，室内空间环境（空气质量、有害气体和粉尘含量、放射剂量……）等室内客观环境因素。

现代室内设计也称室内环境设计。与传统的室内装饰相比，涉及面更广，相关的因素更多。近年来，中国的室内设计发展非常迅速，并已成为独立的专业领域。

1.2.1　室内设计的含义

1. 设计的含义

设计是一个经常使用的概念，在《应用汉语词典》里，设计是指为做好某项工作或进行某项工程而预先制订方案、图样等。设计是在明确目的指导下的有意识的创造。人类的设计活动可分为两种：一是单纯为了满足审美需要而出现的艺术设计，二是单纯为了满足功能需要而出现的纯工程设计，它们分别培育了艺术家和工程师。然而，人类的需求毕竟还是以综合形式出现的。设计有非常广阔的领域，不同领域有不同的特点。

2. 室内设计的概念

室内设计是指根据建筑物的使用性质、所处环境和相应标准，运用物质技术手段和建筑美学原理，创造功能合理且能满足人们物质和精神生活需要的、舒适优美的室内环境。这一空间环境既具有使用价值，满足相应的功能要求，同时也反映了历史文脉、建筑风格、环境气氛等因素，满足人们的精神需求。

《辞海》对室内设计的定义是：对建筑的内部空间进行功能、技术、艺术的综合设计。室内设计涉及范围很广，包括结构施工、材料设备、造价标准、艺术性等。特别是在进行大型公用建筑室内设计时，需要大量的相互协调的工作，牵涉到业主、施工单位、经营管理方、建筑师、结构、水、电、空调工程师以及供货商等。只有相互协调，充分合作，才能解决工程中的复杂问题，达到各方面都满意的结果。

室内环境的功能包含以下两方面。

（1）物质功能：满足使用要求，冷暖光照等。如空间的面积、大小、形状、合适的家具、设备布置，交通组织、疏散、消防、安全等设施，科学地创造良好的采光、照明、通风、隔声、隔热等物理环境。如图1-1所示为餐饮空间的物质功能。

（2）精神功能：满足与建筑类型、性质相适应的环境氛围、风格、文脉等精神方面的要求。从人的文化、心理需求（如人的不同爱好、意愿、审美情趣、民族文化、民族象征、民族风格等）出发，并能充分体现在空间形式的处理和空间形象的塑造上，使人们获得精神上的满足和美的享受。如图1-2所示为茶馆空间的精神功能。

图 1-1　　　　　　　　　　　　　　　　图 1-2

1.2.2　室内设计的分类

1. 室内设计从大的类别划分

室内设计的分类与建筑设计类同，从大的类别划分可分为：

（1）居住建筑室内设计，如图1-3所示；

客厅　　　　　　　　　　　餐厅　　　　　　　　　　　儿童房

卧室　　　　　　　　　　　厨房　　　　　　　　　　　卫生间

图 1-3

（2）公共建筑室内设计，如图1-4和图1-5所示；

（3）工业建筑室内设计；

（4）农业建筑室内设计，如图1-6所示。

商场专柜

办公空间

图 1-4

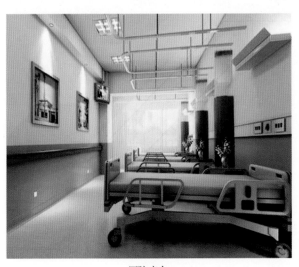
医院病房

汽车展示中心

图 1-5

农业温室大棚构造

温室花卉

图 1-6

第1章 室内设计概述

2. 室内设计从功能设计角度分类

（1）商业空间。专卖店、零售店、美容院、健身中心、剧院和电影院等各种商业空间。

（2）企业空间。所有与工作相关的空间，从大的集团总部到银行设施以及小的办公室。

（3）酒店/俱乐部。所有的与宾馆酒店相关的设施，包括大堂、出入口通道和单人客房或套房等。俱乐部类型中所有的会所俱乐部设施，包括度假村、高尔夫和乡村俱乐部、游艇俱乐部等。

（4）住宅。从别墅和豪宅，到小屋和公寓。

（5）餐馆/酒吧。所有饮食场所，包括酒吧休息室（如图 1-7 所示）、夜总会、卡拉 OK 厅和其他的娱乐场所以及机场休息室。

🌐 图 1-7

（6）展览/样板房。用以展示和推广产品或服务的场所，包括展览看台，以及在博物馆、画廊和展示陈列的公共空间，它们都是在吸引公众的注意力并将之聚焦到展出的产品上。

（7）社团聚会场所。这种场所包括学校、教堂、公共空间等，其内部的环境为特定的目的和人群使用而非为普通人使用。

（8）特殊空间。特殊空间包括交通、医疗等场所，如火车站、飞机场、医院，其特殊用途和特性决定了设计的特殊性。如图 1-8 所示为国家体育馆鸟巢的室内空间设计。

1.2.3　室内设计的工作程序

根据设计的进程，室内设计通常可以分为四个阶段，即设计准备阶段、方案设计阶段、施工图设计阶段和设计实施阶段。

🌐 图　1-8

1．设计准备阶段

设计准备阶段主要是接受委托任务书，签订合同，或者根据标书要求参加投标；明确设计期限并制订设计计划及做出进度安排，考虑各有关工种的配合与协调，明确设计任务和要求，如室内设计任务的使用性质、功能特点、设计规模、等级标准、总造价，根据任务的使用性质所需创造的室内环境氛围、文化内涵或艺术风格等；熟悉设计有关的规范和定额标准，收集并分析必要的资料和信息，包括对现场的调查了解以及对同类型实例的参观等。在签订合同或制定投标文件时，还包括设计进度安排、设计费率标准。

2．方案设计阶段

方案设计阶段是在设计准备阶段的基础上，进一步收集、分析、运用与设计任务有关的资料、信息及构思立意，进行初步的方案设计及深入设计，并进行方案的分析与比较。

（1）设计规划阶段。设计的根本任务是确定资料的占有率，以及是否有完善的调查。再进行横向的比较，大量搜索资料，归纳整理资料，寻找缺点,发现问题,进而加以分析和补充。这样的反复过程会让你的设计在模糊和无从下手中渐渐清晰起来。这一阶段还要提出一个合理的初步设计概念,也就是艺术的表现方向。

(2)概要分析阶段。此阶段应提出一个完善的和理想化的空间机能分析图,也就是抛弃实际平面而进行完全合理的功能规划。室内设计的一个重要特征就是只有最合适的设计,没有最完美的设计。一切设计都存在缺憾,因为任何设计都是有限制的。设计的目的就是在有限的条件下,通过设计缩小不利条件对使用者的影响。将好的设计规划逐步落实到实际图纸当中,并且不可避免地要牺牲一些因冲突而产生的次要空间。设计时应有整体的合理性并以人为本,这是平面规划的原则。空间规划完成后,接下来便是完善家具、设备及布局。有了一个良好的开端,后面就可极其迅速而自然地进行了。

(3)设计发展阶段。从平面向三维空间转换时,要将初期的设计概念落实在三维效果中,其实现是应用材料、色彩,并注意采光和照明。材料的选择首要的是依据设计预算,这是现实问题。色彩是体现设计理念不可或缺的因素,它和材料是相辅相成的。采光与照明是用来营造氛围的,有人说室内设计的艺术即是光线的艺术,虽然有些夸大其词,但也不无道理。艺术的形式最终是通过视觉传递给人们的。家具设计是其中的重要部分,家具是设计的中心,其他设计的实现是依附和根据家具确定的。

这些设计的实现最终是依靠三维表现图向业主体现的,同时设计师也是通过三维表现来完善自己的设计。表现图的优劣可以影响方案的实施效果,但并不是决定性的因素,它只是辅助设计的一种手段、方法,千万不能本末倒置,过分突出表现图的作用,起决定作用的还是设计本身。

(4)细部设计阶段。家具设计、装饰设计、灯具设计、门窗、墙面、顶棚连接,这些依附于设计发展阶段并不断完善。大部分问题已经在设计发展阶段完成,细部设计阶段只是更加深入地与施工和预算相结合。

3．施工图设计阶段

施工图设计阶段需要补充施工所需要的有关平面布置、室内立面和顶面等图纸,还需包括构造节点、细部大样图以及设备管线图,并编制施工说明书和造价预算。

4．设计实施阶段

设计实施阶段也是工程的施工阶段。室内工程在施工前,设计人员应向施工单位进行设计意图说明及图纸的技术交底;工程施工期间需按图纸的要求核对施工实况,有时还需根据现场实况提出对图纸的局部修改或补充;施工结束时,要会同质检部门和建设单位进行工程验收。

为了使设计取得预期效果,室内设计人员必须抓好设计各阶段的多个环节,充分重视设计、施工、材料、设备等各个方面,并深入了解与原建筑物的建筑设计、设施设计的衔接,同时还需协调好与建设单位和施工单位之间的关系,并在设计意图和构思方面通过沟通取得共识,以期取得理想的设计工程成果。

1.2.4 室内设计的六大要素

功能、空间、界面、饰品、经济、文化为室内设计的六大要素。

(1)功能。功能至上是室内设计的根本。建筑本来就和人的关系最为密切,如何满足每个不同成员的需要,是设计师经常与客户沟通的一个重要环节。业主是第一设计师,一套缺少功能的设计方案只会给人华而不实的感觉,只有把功能放在首位,才能满足每个使用人员的需要,使室内环境舒适、方便、健康、向上。

(2)空间。空间设计是运用空间界定的各种手法进行室内形态的塑造,主要依据的是现代人的物质要求和精神要求以及技术的合理性。常见的空间形态有封闭空间、开敞空间、流动空间、动态空间、共享空间、虚拟空间、母子空间、下沉空间、地台空间等。

(3)界面。界面设计是指建筑内部各表面的造型、色彩、材料的选择和处理,包括墙面、顶面、地面的设计。设计师在做一套设计方案时,常会给自己一个明确的主题,就像一篇文章要有中心思想一样,使住宅建筑与室内装饰完美地结合。

(4)饰品。饰品就是陈设物,是建筑室内设计与功能、空间、界面整合后的点睛之笔,常能营造温馨气氛,陶冶性情,增强生活气息。如图1-9所示为室内家居饰品。

🏛 图 1-9

（5）经济。如何使业主用有限的资金投入取得理想的效果，是每个设计师进行设计的职业准则。合理地整合室内空间的各个部分，并赋予其某种诗意、韵味，是设计的至高境界。

（6）文化。充分体现每位业主的文化需求是设计师的追求。每位业主的生活习惯、社会阅历、兴趣爱好、审美情趣都有所不同，室内设计在个性化、文化底蕴方面必须能够有所体现。

1.2.5 室内设计的内容和相关因素

现代室内设计涉及面很广，但是设计的主要内容可以归纳为以下三个方面，这些方面相互之间又有一定的内在联系。

1. 室内空间组织和界面处理

室内设计的空间组织，包括平面布置，首先需要对原有建筑设计的意图充分理解，对建筑物的总体布局、功能分析、人流动向以及结构体系等有深入了解，在室内设计时对室内空间和平面布置予以完

善、调整或再创造。由于现代社会生活的节奏加快，建筑功能不断发展或变换，因此有时需要对室内空间进行改造或重新组织，这在当前对各类建筑的改建项目中最为常见。室内空间组织和平面布置包括了对室内空间各界面围合方式的设计。

室内界面处理是指对室内空间的围合，包括对地面、墙面、隔断、顶面等各界面的使用功能和特点的分析，对界面形状、图形线脚、肌理构成的设计，以及对界面和结构的连接构造，界面和风、水、电等管线设施的协调配合等方面的设计。界面处理要从建筑的使用性质、功能特点方面考虑，一些建筑物的结构构件也可以不加装饰，作为界面处理的手法之一，这正是单纯的装饰和室内设计在设计思路上的不同之处。

室内空间组织和界面处理是确定室内环境基本形体和线形的设计内容，设计时以物质功能和精神功能为依据，考虑相关的客观环境因素和业主主观的身心感受。如图 1-10 所示为国家大剧院音乐厅内部空间的局部。

🏛 图 1-10

2. 室内光照、色彩设计和材质选用

正是由于有了光,才使人眼能够分清不同的建筑形体和细部。光照是人们对外界视觉感受的前提。室内光照是指室内环境的天然采光和人工照明。光照除了满足人们正常的工作生活环境的采光、照明要求外,光照和光影效果还能有效地烘托室内环境气氛。

色彩是室内设计中十分生动、活跃的因素,往往会给人们留下室内环境的第一印象。色彩极具表现力,通过人们的视觉感受可以产生生理、心理和类似物理的效应,形成丰富的联想、深刻的寓意和象征。

光和色不能分离。除了光以外,色彩还必须依附于界面、家具、室内织物、绿化等物体。室内色彩设计需要根据建筑物的特点、室内使用性质、工作活动特点、停留时间长短等因素确定室内主色调,选择适当的色彩配置。如图 1-11 所示为国家大剧院音乐厅内部空间设计。

🌀 图　1-11

材料质地的选用是室内设计中的一个重要环节,直接关系到实用效果和经济效益。巧于用材是室内设计中的一大学问。饰面材料的选用同时具有满足使用功能和人们身心感受这两方面的要求。例如坚硬、平整的花岗石地面,平滑、精巧的镜面饰面,轻柔、细软的室内纺织品,以及自然、亲切的面材等,会给人们带来不同的感受。室内设计毕竟不能停留于一幅彩稿,设计中的形、色最终必须和所选"载体"——材质构成相统一。在光照下,室内的形、色、质融为一体,赋予人们以综合的视觉心理感受。如图 1-12 所示为水立方室内空间及卫浴空间中光和色的应用效果。

🌀 图　1-12

3. 室内内含物的设计和选用

室内内含物包括家具、陈设、灯具、绿化等,这些室内设计的内容相对地可以脱离界面而布置于室内空间里。在室内环境中,实用和观赏的作用都极为突出。通常室内内含物都处于视觉中显著的位置,家具还可以直接与人体接触。家具、陈设、灯具、绿化等在烘托室内环境气氛及形成室内设计风格等方面具有举足轻重的作用。如图 1-13 所示为家具陈设效果。

室内绿化在现代室内设计中具有不可替代的特殊作用,室内绿化可以改善室内空气和吸附粉尘。更为主要的是,室内绿化使室内环境生机勃勃,带来自然气息,令人赏心悦目,可以柔化室内人工环境,在高节奏的现代社会生活中还具有平衡人们心理的作用。如图 1-14 所示为室内绿化与陈设效果。

图 1-13

图 1-14

上述室内设计内容所列的三方面其实是一个有机联系的整体，光、色、形体让人们能综合地感受室内环境，光照下界面和家具等是色彩和造型的依托"载体"，灯具、陈设又必须和空间尺度、界面风格相协调。

室内设计是一门综合性的、具有广阔发展前景的新学科，涉及社会学、民俗学、环境心理和行为学、人体工程学、材料学、建筑学、建筑物理学、美学等领域。从总体上看，室内设计学科的相对独立性日益增强，同时与多学科的联系和结合趋势也日益明显，室内设计的学科领域已形成了多维立体式的发展趋势。

1.3 科学对待室内设计发展大趋势

1.3.1 室内设计的发展概况

从人类的营造历史来看，室内装饰的历史甚至早于建筑。崖壁上的绘画就是人类栖身于洞穴时的室内装饰，可见在人类建筑活动的初始阶段，人类就开始对"使用和氛围""物质和精神"两方面的功能给予关注。建筑及室内装饰的发展有着悠久的历史，而现代室内设计是 20 世纪六七十年代之后才作为一门单独的专业发展壮大的。现代主义建筑运动使室内从单纯的界面装饰走向空间设计，从而产生了一个全新概念的室内设计专业。

西方建筑（以欧洲为主）起源于地中海克里特岛上的米诺斯文化与其后的迈锡尼文化，此后沿着古希腊、古罗马、早期基督教、罗马风、哥特、文艺复兴、巴洛克、洛可可、新古典主义、折中主义等的发展脉络，发展到 19 世纪末的新建筑和 20 世纪的现代建筑，呈现了多样变化的特征。此外，颇有影响的拜占庭建筑、伊斯兰建筑也是独特的艺术体系。

与中国建筑的连续性发展特征相比较，西方建筑有跳跃性发展的特点。而中国建筑自上古三代，到春秋战国、秦汉，经南北朝、隋唐、五代，到两宋、辽、金，直至元明清，数千年一脉相承。20 世纪 80 年代改革开放后，中国的经济高速增长，建设规模空前。室内设计的重点首先是为改革开放后的旅游事业服务。依靠灵活的投资政策，20 世纪八九十年代是我国建设现代化旅馆的高潮时期，在中国大地上建成了数以万计符合国际标准的酒店。现代意义的中国室内设计由此迈出了第一步，室内设计专业由起步、

发展，直到行业队伍逐渐形成和扩大。宾馆、酒店设计也从借鉴、模仿中艰难起步。1980 年，北京丽都假日酒店（中国第一家假日饭店）的设计人员到新加坡等地考察学习，拍回室内设计的幻灯片，这是我们与国外室内设计的第一次接触。

外资宾馆酒店的建造，使我国设计师有了借鉴国外经验的机会。1982 年贝聿铭设计的香山饭店位于北京香山风景区，典型的中西合璧形式，有很高的文化品位。1983 年建成的广州白天鹅宾馆是我国旅馆中第一个被世界第一流旅馆组织接纳的会员。白天鹅宾馆的中庭设计，即"故乡水"主题设计，把南方典型的青山、碧水、亭阁等结合在一起，营造出情景交融、室内外沟通的艺术氛围。1983 年建成的南京金陵饭店，由我国香港设计师设计，顶部有我国最早的旋转餐厅。1984 年建成的深圳南海饭店，与山、海融为一体，主楼呈环状布置，圆杯形阳台层层出挑。于 1984 年建成的由美国设计师设计的北京长城饭店，是我国第一家按照国际五星级标准建筑的中外合资酒店，也是我国最早使用玻璃幕墙的旅馆建筑。

20 世纪 80 年代末到 90 年代，我国经济发展速度加快，各地都出现了大量的宾馆、饭店，使室内设计的应用范围不断拓展。1990 年，仅在上海就同时建起新锦江大酒店、上海商城波特曼酒店、太平洋大饭店（日本设计）。经济发展的另一表现是商业发展和商业竞争，室内设计也是商业竞争的重要手段之一。外资、三资企业的不断增加，对办公环境也提出了较高的要求。人们对居住环境的要求越来越高，室内设计开始为大众服务。中国真正具有现代室内设计意义的住宅出现在 20 世纪 90 年代后期。进入 21 世纪，受城市发展和住宅商品化的影响，中国房地产市场全面启动，影响到整个室内设计行业。人均占有的建筑面积日益增加，住宅作为商品进入百姓家，居住空间的室内设计由此变为现实，居住环境设计越来越受到重视。

20 世纪 80 年代以后的建筑作品可划分为古风主义、新古典主义、新乡土主义、新民族主义和本土现代主义。古风主义建筑是借鉴传统建筑外部形象的严肃创造，如武汉黄鹤楼、南京夫子庙、北京琉璃厂文化街等。

新古典主义是借鉴传统建筑意趣的一种创作，

外部形象有较多改造,多采取协调的处理手法。代表作品如山东曲阜阙里宾舍、陕西历史博物馆、南京雨花台纪念馆等。阙里宾舍紧临曲阜孔庙,与这座著名古建筑协调,采取自由式平面布局,又以水面、庭园及其他艺术作品构成和谐的整体,显出温和、古朴的格调。陕西历史博物馆借鉴唐代建筑形象并加以改造和简化,气度不凡,明朗而简洁。坐南向北的北京西客站,以北立面为正面,为减轻大片逆光面会产生的沉重印象,在立面正中开了一个大空洞,比较通透,寓意为"大门"。

新乡土主义独辟蹊径,代表作品如具有浓厚闽北民居风味的福建武夷山庄宾馆,以及具有皖南民居特色的黄山云谷山庄宾馆等。福建武夷山庄宾馆的设计者齐康先生在福建地区的乡土建筑中融入时代的气息,使武夷山庄成为全国风景建筑中第一个乡土建筑时代化的作品。

新民族主义是指 20 世纪 80 年代在少数民族地区兴起的民族特色的创作,代表作品如乌鲁木齐新疆迎宾馆、新疆人民大会堂、西藏拉萨饭店。乌鲁木齐新疆迎宾馆的维吾尔族建筑风格十分鲜明,同时具有很强的现代感;室内一对喇叭形冷却水塔高高耸立,内轮廓组合成尖拱,表面嵌砌维吾尔石膏花饰的花格,标志性很强。

本土现代主义和传统没有什么明显直接的关系。在多元创造中赋予作品以鲜明的时代感,代表作品如具有时代活力又隐含中国式审美观的北京中国国际展览中心、深圳体育馆,以及重视环境氛围创造的南京大屠杀遇难同胞纪念馆、上海龙柏饭店等。

由于改革开放,从旅游建筑、商业建筑开始,及至办公、金融和居住建筑,在室内设计和建筑装饰方面都有了蓬勃的发展。中国的室内设计的发展道路,从公共空间开始到工作空间,再到居住空间,集中表现在最具功能特点的三类建筑,即宾馆酒店、办公写字楼和住宅。1990 年前后,相继成立了中国建筑装饰协会和中国室内建筑师学会,在众多的艺术院校和理工科院校里相继成立了室内设计和其他相关专业。

1.3.2 中国室内设计的现状

从目前来看,我国室内设计的价值概念尚未在全社会完全确立,知识产权得不到应有的保护,设计

市场有待完善。设计业中存在以施工代设计的所谓"免费设计"运用模式,存在简单抄袭现象,在风格、材料、造型上都有不同程度的反映。设计业低价竞争,招投标不规范,设计周期短,设计未从施工中彻底剥离,未形成与建筑设计同样的室内设计市场。社会公众的审美水平与消费心理没有达到符合时代要求的成熟程度,部分设计师追求空间界面的表面浮华,滥用和不恰当地运用材料,缺乏应有的材料与构造知识,不能从空间构造的高度去考虑设计问题。

与室内设计所服务的建筑装饰行业相关的有装饰材料市场、工程施工、设计三大方面。二十多年来,这三方面的市场发展很不平衡。发展最快的是材料市场,相对成熟、定位趋稳的是工程施工市场,只有设计市场还在步履维艰的初级阶段。室内设计专业的技术规范、行业标准还不完善,装饰设计的领域里还没有一个范本,对材料的称谓也各有差异,室内装饰施工图的规范和标准不明确,施工图的绘制有一定的随意性。这些年来,经过各类学校的培养和社会不同艺术与技术人员的转行,已经有了一支数量可观的设计师队伍。中国经济的高速发展,使室内设计师有了更广阔的体现自我价值的舞台。随着计算机制图的广泛应用,只要熟练掌握相关软件,就能制出精美的图纸。一些设计人员只懂制图,不懂工程;只接受了相关软件的培训,没有接受设计方面的系统性培训。出现了专门画图的公司和工作室,有的甚至把效果图的制作过程分解为流水作业,将建模、灯光效果和后期处理作专业分工;有的为了图面效果,把空间放大、加高,不能反映真实的设计内容,非常令人担忧。

中国室内设计经过几十年发展,与发达国家的差距越来越小。近年来,已有很多的国外设计师事务所进驻国内的城市;将来会有更多的国外企业参与室内设计领域的竞争,国内设计师和企业都将面临激烈的竞争。如何才能迅速提高设计水平,在竞争中保持一定的市场份额,成为摆在我们面前的重要课题。

1.3.3 现代室内设计的发展趋势

从总体上看,现代室内设计以建筑设计作为学科发展的基础。工艺美术和工业设计的一些观

念、思考和工作方法也日益在室内设计中显示其作用。设计、施工、材料、设施、设备的规范化进程进一步完善，它们之间的协调和配套关系加强，室内设计专业得到进一步深化和规范化。现代室内设计具有多元并存，可持续发展，动态设计，注重新技术，尊重历史文脉，提倡原创的发展趋势。

1. 多元并存的趋势

随着社会的发展和时代的推移，由于使用对象的不同，以及建筑功能和投资标准的差异，室内设计明显地呈现出多层次、多风格的发展趋势。即使在同一主题空间中，多种文化元素并存、和谐发展也已成为日渐强大的潮流。不同层次、不同风格的现代室内设计都将更重视人们在室内空间中精神因素的需要和环境的文化内涵。因多元的取向、多元的价值观、多样的选择形成的室内设计潮流，其实是模糊了风格之间的界限，但在某种风格主导下的多元化组合也能形成一种和谐的空间感，给人一种视觉的愉悦感。就像服装界流行的"混搭"一样，室内设计界多种风格并存且互相影响和交叉，其发展会出现不断探索的新局面。

2. 可持续发展的趋势

绿色建筑、可持续发展建筑和生态建筑将成为21世纪建筑设计的主流，未来的室内设计也应该是绿色设计、可持续设计和生态设计。室内设计带来的资源和能源的高消耗对环境的破坏相当严重，造成地球的生态失衡。在建筑业对环境造成的污染中，相当大的比例是因为室内装修材料的生产、施工与更新造成的。每年室内装修消耗的木材占我国木材总消耗量的一半左右。

1993年联合国教科文组织和国际建筑师协会共同召开了"为可持续的未来进行设计"的世界大会，其主题是各类设计活动应重视有利于今后在生态、环境、能源、土地利用等方面的可持续发展。现代室内环境的设计要确立节能，充分节约和利用室内空间，力求运用无污染的"绿色装饰材料"，以及创造人与环境、人工环境和自然环境相协调的观点。动态和可持续的发展观，既要求在室内设计中有更新可变的一面，又考虑在能源、环境、土地、生态等方面的可持续性。

生态室内设计是对室内设计理念、发展模式和消费方式的一次深刻革命。实现这个目标要求有更

高的科技含量，更完美的实施手段，必须有其他专业设计师的参与，如建筑的空间形式、结构选择、材料与技术、采光、空调、可再生资源利用、信息技术等，从而保证室内生态系统的完整、和谐与适度。它主要体现在四方面：空间形式、朝向、采光、通风等方面的优化。

3. 动态设计的趋势

由于室内设计具有周期更新的特点，更新周期趋短，更新节奏趋快，因此在室内设计领域里，需要引入"动态设计""潜伏设计"等新的设计观念，认真考虑因时间因素引起的平面布局、界面构造与装饰、施工方法，以及选用材料等一系列相应的问题。因此，在设计、施工技术和工艺方面优先考虑干式作业、块件安装、预留措施等的各方面要求日益突出。现代室内设计在空间组织、平面布局、装修构造和设施安装等方面都应留有更新改造的余地，不能把室内设计的依据、使用功能、审美要求等看成是一成不变的，而应以动态发展的眼光来认识和对待。室内设计动态发展的观点涉及各类公共建筑和量大面广的家居建筑的室内环境。

4. 注重新技术的趋势

室内新技术的发展趋势主要是在利用高质量的设备、构造、材料，取得装修形式与新技术、新材料之间的平衡。新材料不断取代旧材料，包括各种面层材料和各种结合剂、紧固件；同时各种配套材料，如卫生洁具、五金配件、灯具、家具等，也在不断更新换代，所以在施工中需要不断提高工艺技术水平。现代室内设计所创造的新型室内环境往往在自动化、智能化等方面具有新的要求，从而使室内设施设备、电器通信、新型装饰材料和五金配件等都具有较高的科技含量，如智能大楼、能源自给住宅、计算机控制住宅等。由于科技含量的增加，也使现代室内设计及其产品整体的附加值增加。例如，一些知名品牌卫生洁具采用了自洁技术，如红外线的光波浴房、按摩浴缸、红外线自动开闭式水龙头及恒温技术花洒等，使普通家庭也真切感受到先进科技的舒适性。意大利开发不久的新型高科技产品——装有液压装置的床，靠液压自动调节，可将人体和睡眠姿势调节到合适的位置。

5. 尊重历史文脉的趋势

现代室内设计的立意、构思，室内风格和环境

氛围的创造,需要着眼于对环境整体的考虑。室内设计应该看成是环境设计系列中的一环。为了更好地做好室内设计,需要对整体环境有足够的了解和分析,着手于室内,但着眼于室外。如苏州园林的室内、室外从根本上是连在一起的。人类社会的发展,不论是物质技术的还是精神文化的,都具有历史延续性。在居住、旅游和文化娱乐等类型的室内环境里,都应因地制宜采取具有民族特点、地方风格、乡土风格,充分考虑历史文化的延续和发展的设计手法。历史文脉不能简单地只从形式、符号来理解,它涉及规划思想、平面布局和空间组织特征,甚至设计中的哲学思想和观点。日本著名建筑师丹下健三为东京奥运会设计的代代木国立竞技馆,尽管是一座采用悬索结构的现代体育馆,但从建筑形式和室内空间的整体效果来看,既具有时代精神,又有日本建筑的内在特征;阿联酋沙加的国际机场,既是现代的,又凝聚着伊斯兰建筑的特征,体现了这一建筑和室内环境既具有时代感又尊重历史文脉。

6. 提倡原创的趋势

今天人们大多在网上或报纸杂志上获取设计信息,这导致在设计方面有很多雷同的、流行的符号。在设计的创意、空间的理解、空间的整体把握、文脉的理解、美学等方面,原创性比较匮乏。更多表现出浮躁的心态和经不起推敲的拼凑、借鉴形式。中国特色的室内设计呼唤原创,我们倡导的原创设计是设计中具有鲜明的主题概念,依据理论知识、物质来源并遵循设计原则,赋予设计以个性化特征和文化内涵。原创设计的中心价值应该是创造的本身,这个创造性又是多元性的思维方式。优秀的原创设计并非偶然,实际上是设计师的多元化知识、设计经验和生活经验的碰撞,所以涉及的领域、素材、内容各方面都很丰富,只有这样才能涌现出更多的原创作品。

思考题

1. 室内设计风格流派形成的原因是什么?
2. 室内设计的内容有哪些?
3. 室内设计有哪些工作程序?
4. 室内设计的发展趋势是什么?

第2章 世界室内设计史简介

本章要点

欧洲的古希腊、古罗马的石砌建筑,在建筑艺术和室内装饰方面已发展到很高的水平。17世纪室内装饰领域呈现出豪华壮观与热烈奔放的风格特征,并开始了室内装饰与建筑主体的分离;西方新一代的室内设计师们通过不同途径,并运用不同手法及手段,从不同的角度探寻建筑及室内设计的形式美感和人文价值,并力图使之得以实现。

室内设计专业(行业)的出现并非是突如其来的,它有着悠久的历史。

2.1 西方室内设计

古希腊、古罗马的石砌建筑,由于其装饰和结构结成一体,呈现出装饰与建筑一体化的做法,在建筑艺术和室内装饰方面已发展到很高的水平。古罗马庞贝城的遗址中,从贵族宅邸室内墙面的壁饰、铺地的大理石地面,以及家具、灯饰等加工制作的精细程度来看,当时的室内装饰已相当成熟。罗马万神庙(如图2-1所示)室内高旷的、具有公众聚会特征的拱形空间,是当今公共建筑内中庭设置最早的原型。10—12世纪,欧洲基督教流行地区采用一种罗曼建筑风格。罗曼建筑原意

图 2-1

为罗马建筑风格的建筑，又译作罗马风建筑、罗马式建筑，似罗马建筑等。其典型特征是：墙体巨大而厚实，墙面采用连列小券，门窗洞口采用同心多层小圆券，以减少沉重感。西面有一两座钟楼，有时拉丁十字交点和横厅上也有钟楼。中厅大小柱有韵律地交替布置。窗口窄小，有较大的内部空间，造成阴暗、神秘的气氛。朴素的中厅与华丽的圣坛形成对比，中厅与侧廊较大的空间变化打破了古典建筑的均衡感。11世纪下半叶，哥特式建筑起源于法国，主要是天主教堂，也影响到世俗建筑。哥特式建筑以其高超的技术和艺术成就，在建筑史上占有重要地位。最为著名的哥特式建筑有巴黎圣母大教堂、意大利米兰大教堂、德国科隆大教堂、英国威斯敏斯特大教堂，这一时期教堂建筑的发展也促进了室内设计的发展。

始于14世纪的意大利文艺复兴标志着人类从中世纪向近现代的过渡。早在16世纪初，席卷欧洲的宗教改革运动已冲出了罗马教廷，基本上结束了中世纪的教会统治状况。17世纪，室内装饰领域一反文艺复兴艺术的庄重典雅与含蓄和谐的古典主义原则，呈现出豪华壮观与热烈奔放的风格特征，并开始了室内装饰与建筑主体的分离。这意味着装饰工匠能按照时代的需求和流行的式样对建筑室内进行频繁的改建和装饰了，如图2-2所示。

🔖 图 2-2

17—18世纪，欧洲兴起了"装饰之风"。由于工商业的发展，社会上积累了大量的财富，一般的大众也比15—16世纪更富裕。良好的经济基础

使人们在建筑、室内装饰中不惜使用昂贵的材料以炫耀财富。文艺复兴运动也促使欧洲的文化、艺术都得到了空前的发展，工业的进步、手工工艺的提高也都为"装饰之风"的兴起提供了条件。人们把文艺复兴时期的样式加以变形，追求奇妙新颖的效果，在运用直线的同时，强调线型的流动变化，在室内将绘画、雕刻、工艺运用于装饰和艺术陈设品上，墙面以精美的壁毯装饰，不惜采用高档的石材、木料并镶以金色，装饰奢华，尽显珠光宝气、烦琐华丽。这股风靡一时的"装饰之风"被称为巴洛克风格。巴洛克的字义源自葡萄牙语，意指"变了形的珍珠"。巴洛克虽然承袭矫饰主义，但也淘汰了矫饰主义那些暧昧、松散的形式。它一经在意大利兴起，便迅速影响了周围其他国家以及整个欧洲和美洲，一直到19—20世纪，许多建筑都还留有它的烙印，可见其在当时有很强的活力。17世纪的法国路易十四在位时进行了大规模的宫廷建造，罗浮宫（如图2-3和图2-4所示）和凡尔赛宫（如图2-5和图2-6所示）的室内装饰成为巴洛克风格的典范之作。

🔖 图 2-3

🔖 图 2-4

图 2-5

图 2-6

也决定了它已达到了极点。随着 1789 年法国大革命的爆发,洛可可时代宣告结束。

图 2-7

继巴洛克风之后,欧洲又兴起了洛可可风。洛可可一词源自法语 Rocaille,意指岩状的装饰,基本是一种强调 C 形的旋涡状花纹及反曲线的装饰风格。当时一些贵族对巴洛克风格厚重、严肃的效果不满,认为室内装饰应再娇柔、细腻些。加之商业的发展,当时在欧洲已经有了中国和印度等东方国家的装饰品。东方文化的输入,使卷草纹样在欧洲室内装饰中得以大量运用。曲线在这个时期的室内装饰中被用到极致,诸如一些陈设与摆饰的轮廓线全部都采用曲线,钢琴的边线也都采用大量的装饰。室内装饰在色彩上采用娇艳的颜色,在房间布置上讲究舒适、小巧玲珑与亲切,这一切使室内的装饰手工技艺更加精湛。当时洛可可风风靡整个欧洲(如图 2-7 和图 2-8 所示),这一时期对"唯美"的盲目追求,使人们一度步入歧途。当时过于注重装饰而不顾功能的需要,造成人力、物力的大量消耗,这也决定了它只能为少数贵族服务,因而

图 2-8

18 世纪下半叶,欧洲工业资产阶级迅速壮大,城市建筑得到发展,首批代表初期功能主义形式的建筑逐渐问世,古典主义、浪漫主义和折中主义并存并十分盛行。如在英国建筑师普金(1812—1852)等人的设计中,可以看到许多模仿中世纪哥特式建筑细部装饰的实例。

19世纪芝加哥学派（Chicago School）最重要的建筑师路易斯·沙利文（Louis Sullivan，1856—1924）认为：世界上一切事物都是"形式永远随从功能，这是规律""哪里功能不变，形式就不变"。他的"形式随从功能"对功能主义的发展起到了促进作用。沙利文的学生、美国建筑大师赖特等在美国中西部设计建造了众多的住宅，在功能、形式、空间、体量等方面进行了卓有成效的探索。

与此同时，在德国和奥地利的维也纳等地也相继出现了室内设计的革新活动。这些探索性活动，意味着一种革新思想的开启，肯定了机械作为新兴制作工具的价值，认为大量生产之所以降低产品品质，是人类尚未完全熟悉机械，缺乏驾驭机械的能力，是一种暂时现象。一旦人类能够正确而充分地运用机械，它将为未来的设计提供无限的可能性。

1897年，一个旨在与传统割裂的学派——分离派在维也纳形成，并首次提出了"整体的艺术"这一美学标准，把建筑、室内装饰、染织、服装、服饰都变成了一体化的风格，打破了装饰脱离建筑及室内构件的状况，成为现代室内设计的先驱。分离派宣称要和过去的传统决裂，既从传统风格中"分离"出来，力求用净化的手法从古典艺术的烙印中解脱出来，又主张将古希腊的几何造型和机械化生产技术结合起来，使所设计的产品和室内都具有直线形的共同特征，以不断推进建筑、室内设计、工艺和设计领域的现代艺术运动。

1919年在德国创建的包豪斯设计学校，摒弃因循守旧，倡导重视功能，推进现代工艺技术和新型材料的运用，在建筑和室内设计方面提出与工业社会相适应的新观念。该学派处于当时的历史背景下，强调突破旧传统，创造新建筑，重视功能和空间组织，注意发挥结构构成本身的形式美，造型简洁，反对多余装饰，崇尚合理的构成工艺，尊重材料的性能，讲究材料自身的质地和色彩的配置效果，发展了非传统的以功能布局为依据的不对称的构图手法。它强调形式追随功能的重要性，并把空间概念导入设计理论，首次提出了四维空间理论（三维空间加时间），强调建筑空间与结构功能的合理性，强调机械化大生产对于造型的单纯化要求。包豪斯学派重视实际的工艺制作操作，强调设计与工业生产的联系。包豪斯学派的思想与理论在当时产生了很大的影响，至此室内装饰风开始衰落，随后出现的是更全面、更完善的室内设计。

20世纪以后，由于工业化大生产的需要，钢筋混凝土、钢结构在建筑中大量使用，建筑的功能也变得复杂多样，新型建筑形式大量涌现，许多老房屋因不适应时代的需要而等待改造。在这种状况下，室内装饰业开始从建筑中脱离出来，出现了专业的室内装饰艺人，职业化的室内设计师开始出现。而到了30年代，室内装饰业成为正式的独立专业类别。1931年，美国室内装饰者学会成立，成为美国室内设计师学会的前身。

第二次世界大战以后，科学技术和经济飞速发展，建筑业、旅馆业和商业商贸等蓬勃兴旺，极大地促进了室内设计学科的成熟和迅速壮大，并开始与建筑分离。

到了20世纪50年代，由于建筑用途、功能的复杂化，使室内设计更加专业化，如大型商场空间的设计、办公空间的设计等促成了室内设计的独立。作为综合性的室内设计，已经和仅限于艺术范畴的室内装饰有所区别，其包容范围更广，内涵更多。随着人们对室内环境质量要求的不断提高，以及行为科学、环境心理学、人类工程学和技术美学等相关学科的影响，西方先进工业国家在60年代已经形成一支可观的室内设计师队伍。

室内设计师们从相关和邻近学科如环境美学、光学等领域中得到启示，他们认识到一幢建筑物既要艺术化，又要科学化。新的设计理念十分强调人们的安全与健康，并显示出对生理有缺陷者和能力丧失者的关怀。美国有些高等院校已经开设和进行了无障碍设计的课程和研究工作。

在室内设计创作思想和方法上，传统的、民族的和地方性的形式和意蕴已融入整个活动空间，室内设计正与社会生产和技术发展相适应，从而将室内设计推入一个新的历史发展阶段，如图2-9所示。

1974年，美国室内设计师学会的正式成立，标志着室内设计摆脱了纯美学的"视觉环境"范畴，而从环境角度把视角指向了综合考虑社会、经济、物理、生理和心理等因素组成的、以人为中心的更加广阔的领域。

🎞 图 2-9

美国著名的罗德岛设计学院已设有室内建筑学系，普拉特学院则设有室内环境设计系，培养更专注于室内空间的美学问题、功能问题和心理问题的设计人才。

室内设计和建筑的分离是历史发展的必然趋势（主要指从业人员的分离）。但实际上，它们之间的联系并没有疏远，而是更加密切了。西方许多建筑师从创作构思的最初就把室内环境的理想效果考虑在内，创造出建筑与周围自然环境相协调，室内空间效果也能与建筑环境相协调，并且满足人们功能和精神多方面需求的、具有艺术整体的、较完美的空间环境。

西方新一代的室内设计师通过不同途径，运用不同手法及手段，从不同的角度探寻建筑及室内设计的形式美感和人文价值，并力图使之得以实现。比如在室内设计中出现了注重作品个性、民族性和地方性，体现出对"情"的关注的设计内容，保护与传统的连续性，使空间这个"遮蔽物"上升到艺术与享受的层面。

2.2　伊斯兰建筑风格室内设计

建筑是民族和文明的个性体现。了解伊斯兰建筑风格有助于我们了解伊斯兰建筑室内设计样式特点。

2.2.1　伊斯兰建筑风格的形成

从建筑设计角度来讲，伊斯兰建筑的风格非常巧妙。伊斯兰建筑是奇想纵横，庄重而富有变化，雄健而又不失雅致，妙趣横生。以清真寺建筑为例，清真寺建筑被艺术史学者称为伊斯兰造型艺术的核心，而与这一建筑构成审美统一体的装饰艺术则被誉为伊斯兰造型艺术的灵魂。早期的清真寺建筑上并没有装饰图案，其主要原因是早期的清真寺完全是从实用目的出发兴建的，即为履行宗教义务服务，并没有考虑到它的审美功能。早期伊斯兰社会致力于开疆拓土，征服宣教，以及政权的建设和巩固，以功利态度对待社会物质生产的发展，对包括造型艺术在内的精神产品的生产还无暇顾及，也没有注意到艺术对于宗教及上层建筑所承担的特殊使命，还处在没有提升出精神产品的物质生产阶段。作为伊斯兰教的造型艺术，只是到了伍麦叶王朝（661—750）才开始意识到它的使命。伊斯兰造型艺术真正成长起来并开始形成其特有的风格是在阿巴斯王朝（750—1258）的后期，而装饰艺术风格则定型于 10 世纪。伊斯兰装饰艺术典型的母题实际上就是"阿拉伯式图案"。一般来说，同时由三个要素构成图案，即通常所说的植物纹饰、几何纹饰和阿拉伯文书法。由于阿拉伯文是《古兰经》的语言，在清真寺建筑上书写经文的章节、警句名言和记述伊斯兰教的历史事件，以此展现出具有神性的书法纹饰的特殊效果。在伊斯兰视觉艺术中，这一功能是独一无二的。除此之外，几何纹饰则具有重要的审美功能。如果说高度写实的蔓藤图案是希腊化时期装饰艺术的代表性母题，那么几何图案则是伊斯兰装饰艺术的最重要标志。这种纹饰将各种图形（圆形、方形、菱形、多边形、星形）与相对应的数字含义巧妙地编织在图案中，营造出错综繁复、无始无终、无穷无尽的视觉效果。这种源自两河流域、埃及、希腊甚至整个地中海沿岸古代文明中的象征学遗产被伊斯兰教继承下来,并再度被赋予了特殊的象征含义,以激起神学意义上的感受力。早期伊斯兰社会出现的装饰艺术是对各民族艺术风格及其母题的自然吸收与融合,为日后形成伊斯兰风格的造型艺术提供了富有趣味的形式,既符合闪米特民族的传统价值观,又有助于孕育出神教指导下的造型艺术的特殊品位。《古兰经》禁止用人像和写实的动植物题材作装饰,因此早期装饰纹样都是几何形,后来才用一些程式化的植物图案。当时的穆斯林艺人的创作活动是比较自由、随意和开放的,所选取的风格样式以及母题具有的象征意义也是多种多样的,如图 2-10 和图 2-11 所示。

🌐 图　2-11

🌐 图　2-10

2.2.2　伊斯兰建筑风格的基本特点

　　伊斯兰建筑装饰的特点主要是穹隆顶和拱券顶的多种花式,以及两个主要装饰——宗教建筑和世俗建筑共有的"帕提"和钟乳饰,并用大面积的表面图案装饰。

　　● 穹隆:伊斯兰建筑尽管分布在世界各地,大都以穹隆示人。伊斯兰建筑中的穹隆往往看起来有些粗略但却韵味十足。

　　● 开孔:即出入口和窗的形式,又叫拱券顶,有双圆心尖券、马蹄形券、火焰式券及花瓣形券等类型。室外墙面主要用花式砌筑进行装饰,后又陆续出现了干浮雕式彩绘和琉璃砖装饰。

　　● 纹样:伊斯兰的纹样堪称世界纹样之冠,其题材、构图、描线、敷彩皆匠心独具。动物纹样虽然继承了波斯的传统,但经过进一步地改造提升,便产生了崭新的面貌;植物纹样,当初主要是承袭东罗马的传统,历经千锤百炼,终于集成了灿烂的伊斯兰式纹样。几何纹和花纹的结合构成了特殊的艺术形态,并且以一个纹样为单位,反复连续使用,就构成了著名的阿拉伯式花样。另外,还有文字纹样,即由阿拉伯文字经过图案化处理而构成的装饰性的纹样,多用在建筑的某一部分上,文字多是《古兰经》上的经文。

　　伊斯兰装饰图案在图形和数字方面隐含的象征意义,与古代地中海沿岸诸多民族的信仰和习俗有着千丝万缕的联系。而穆斯林对宇宙的认识、对各种图形的解释,对数字赋予的含义,与古代地中海沿岸诸多民族的信仰和习俗也有着千丝万缕的联系,如图 2-12 和图 2-13 所示。

2.2.3 伊斯兰建筑风格在中国的演变

伊斯兰教于公元 7 世纪发源于阿拉伯,正处于我国的唐代初年。稍后很快传入我国,随后我国也开始建造伊斯兰建筑。我国伊斯兰建筑主要有维吾尔族和回族两种风格。10 世纪(明代)伊斯兰教传入新疆以后,在维吾尔族人中得到普及。维吾尔族伊斯兰建筑包括伊斯兰传统风格民居、礼拜寺、圣者陵墓和教经堂,造型方式与汉族建筑不同,特点鲜明。

伊斯兰传统风格民居一般都是土木结构,隔墙较厚,房顶用芦席、芦苇层层敷设,上铺麦草和泥,屋面平顶微斜,一面坡。房屋的棱角用砖块包裹,还砌饰雕磨成各种花纹图案,显示出古朴的伊斯兰风格。室内一般砌实心土炕,亦有可取暖的空心炕,高约 30 厘米,供起居坐卧。墙上开壁龛,放置食物和用具,有的壁龛还构成各种几何图案,并喜欢在墙上挂壁毯和石膏雕饰。伊斯兰传统风格民居不论是什么样式,大多设高台廊檐作为主体房区的延伸式障衬物,并对廊檐下的木立柱及出檐等都要着意刻画装饰,不但起遮阳避雨的作用,而且使整个屋宇显得富丽、文雅。伊斯兰传统风格民居的窗户小而尖,衬以木制窗棂,窗顶上雕刻伊斯兰风格的各种花纹图饰,非常典雅大方。

礼拜寺几乎每村都有,布局自由,但礼拜殿必须坐西向东,使得信徒在面向礼拜殿后墙上的圣龛祈祷时,同时也朝向阿拉伯麦加的圣寺。

14 世纪元末明初,来自阿拉伯的商人和兵士,在与中国其他民族长期融合中开始形成回族,仍保持伊斯兰信仰。回族礼拜寺(又称清真寺)的最大特点是采取汉式佛寺建筑形式,但仍有自己的特点。如寺内建筑组成包括礼拜殿、浴室、经学教室、教长室和宣礼塔。与佛寺道观不同,汉式佛寺大殿一般是坐北向南,清真寺礼拜殿则坐西向东。礼拜殿面积要求较大,普遍采取将两三座汉式屋顶平行串联在一起的方式,装饰图案大多由阿拉伯经文、植物纹和几何纹构成,如图 2-14 和图 2-15 所示。

2.2.4 伊斯兰室内风格样式

伊斯兰室内风格的特征是东、西方合璧。主要样式是门窗和券面作重点装饰,材料常用雕花木板和大理石板,还常用石膏浮雕作装饰。室内用石膏作大面积浮雕,涂绘装饰以深蓝、浅蓝两色为主。

中亚及伊朗高原因自然景色较荒芜枯燥,人们偏好浓烈的色彩,喜欢用大面积色彩装饰,室内多见华丽的壁毯和地毯。图案多以花卉为主,曲线匀称,结合几何图案,其内或缀以《古兰经》中的经文,装饰图案以其形、色的纤丽为特征,以蔷薇、风信子、郁金香、菖蒲等植物为题材,具有艳丽、舒展、悠闲的效果。其表面装饰突出粉画,用彩色玻璃面砖镶嵌,砖工艺的石钟乳体是伊斯兰风格最具特色的手法。

图 2-14

作为一种风格化的艺术样式，伊斯兰室内装饰艺术是在学习、借鉴、吸纳、融合多民族文化艺术遗产的基础上，经过穆斯林艺人的再创造而形成的极富个性的视觉艺术。以伊斯兰宗教精神为指导的造型艺术语言，生动、巧妙地诠释了伊斯兰教的人生观、哲学和美学思想。它所营造的审美意境和创造的艺术风格，无不向世界其他民族展示出伊斯兰各民族的艺术在其自身发展和文化交往中对美的感受力和创造美的能力，如图 2-16 所示。

图 2-16

2.3 东方室内设计

2.3.1 中国的室内设计

我国传统建筑源远流长，早在原始氏族社会的居室里，已经有人工做成的平整光洁的石灰质地面。新石器时代的居室遗址里，还留有修饰精细、坚硬美观的红色烧土地面。即使是原始人穴居的洞窟里，壁面上也已绘有兽形和围猎的场景。也就是说，即使在人类建筑活动的初始阶段，人们就已经开始对"使用和氛围""物质和精神"两方面的功能同时给予关注。木构架的结构体系是其最显著的特征之一，木材独有的属性和中国人特殊的审美心理赋予了传统建筑独特的美学原则。伴随着传统木构架建筑体系产生和发展起来的中国传统室内设计，至今也已走过数千年的历程。在世界室内设计发展史中，中国传统室内设计以其丰富的内涵和文化特质而独树一帜。儒学是中国影响力最大的流派，也是中国古代的主流意识。儒学宣扬智愚贵贱、上下有

图 2-15

别，这种等级制度的思想也必然影响到中国历代的建筑和室内设计。室内的装修、陈设、色彩以及纹样都有一系列的品级规定。如在色彩方面，以黄色为最尊，如图2-17所示；然后是赤、绿、青、蓝、黑和灰，如图2-18所示。

图 2-17

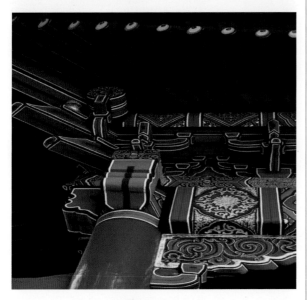

图 2-18

中国的古典哲学认为宇宙是阴阳结合，虚实结合，宇宙万物都在不停地变化、发展，有生有灭，有虚有实。中国传统室内的布局也同样讲究"虚实相生"，古代的能工巧匠把内部空间与装修陈设放在一起综合考虑，将空间视为"虚"，将装修陈设（家具、书画、匾联、挂屏、盆景等）视为"实"，运用书画中"计白当黑"的哲学思想，通过内部空间的灵活组合完成对室内布局、立面造型以及家具陈

设的艺术处理，使单调的空间丰富起来，从而增添室内的生机和情趣。由于中国古代风水学的基础是建立在中国传统哲学的阴阳与元气说之上，所以自然而然地将"天人合一""万物一体"的思想作为融贯整个风水学的灵魂。"天人合一"的思想是中国传统文化的重要内容，也是中国传统文化的精髓，这一思想对传统文化的方方面面，诸如科学、伦理道德、审美意识等都有深远的影响。"天人合一"的思想反映到中国传统建筑和室内设计中，体现在对于自然环境的向往与追求——内外空间的关联与渗透（即内外交融），这就表现了人们超越实体而求得精神上的一种对自然美的享受。如富有装饰性的窗就可以看作室内外环境关联与渗透的通道，所以，对窗的造型和纹饰在古代都十分讲究。

中国传统的建筑和室内设计之所以有强大的生命力，就在于它是根据结构的需要而设计的，并非矫揉造作。有些看似附加的装饰，其实都是与结构有关，通过我国古代能工巧匠们的艺术加工，成为我国传统建筑和室内装饰的重要组成部分。如古建筑的窗用动物、植物、人物或菱纹等组成千姿百态的窗格花纹。为了防止窗框的变形，便用铜片钉在窗框的横竖交接部位，并在这些铜片上压制各种花纹，使其富有装饰性。对室内人工环境气氛的营造是一大特色。中国古人常说的"移天缩地"，其实就是运用提炼概括的手法，通过盆景和插花，将花、草、树、木、石引入室内空间，效仿自然（如图2-19所示）。

图 2-19

以 1840 年的鸦片战争为开端,西方的建筑及室内设计思想通过通商口岸及租界进行广泛的传播,中国传统的建筑及室内设计在西方文化和设计思想的撞击与推动下,开始步入近现代的发展历程。西方设计思想的涌进,使得中国传统的建筑由木构架的结构体系直接转变为具备西方近现代建筑类型、功能、技术和形式的全新建筑体系。

从 19 世纪末至 20 世纪初的这十几年间,中国许多官方建筑逐渐摆脱了中式传统的风格面貌,走上了"西洋"路线。就连一些大户人家的宅第风貌也以模仿西洋风格为时尚,如在入口处增加西式的山花或装饰雕刻。20 世纪初开始,"花园洋房"及独立的私人住宅开始出现,其特点是体现了大面积、大尺度,讲究豪华与气派。在室内装饰材料方面,开始大量运用石材、铁艺、油漆、木夹板、木地板、铝合金,新式的五金、灯具及壁炉也开始在室内装修中大量使用。石材、玻璃、地毯、浴缸、抽水马桶以及新式家具的出现,使得中国传统室内某些重要元素逐渐过时,人们开始用一种全新的审美取向来评价室内的装修和陈设。

受当时好莱坞影片以及报纸、杂志等媒体的影响,从 20 世纪 30 年代开始,现代主义风格的室内设计在上海的花园住宅和高档公寓中开始出现,"国际式"风格的家居装饰成为时尚人群的品位象征。但由于抗日战争和内战的接连爆发,国内的经济和各项建设都受到很大的影响,致使现代主义并没有在中国得到很好的发展。

中华人民共和国成立后,在国庆"十大建筑"的推动下,室内设计开始从建筑设计中分离出来,并逐步发展成为一门独立的专业。1950 年之后,受苏联的影响,我国的建筑和室内设计风格在这一时期发生了戏剧性的转变。苏联大批专家来华帮助建设,改变了我国朴实无华的室内设计风格。苏联的苏维埃风格对我国的建筑和室内设计产生了重要影响。

苏维埃风格注重对古典主义的继承和发展,突出设计的纪念性和象征性。一时间,复古主义、象征主义的设计风格开始风靡全国,藻井天花、沥粉彩绘、镏金、木雕、石雕、豪华吊灯成为室内装饰的重要手段,如我国著名的建筑人民大会堂就是这一风格的代表,如图 2-20 和图 2-21 所示。

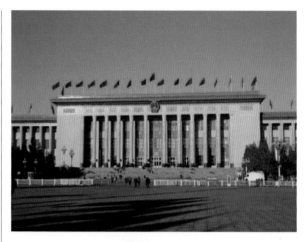

图 2-20

图 2-21

中国室内设计是一个朝气蓬勃的新兴行业。改革开放之后,经济快速增长,城市建设迅速发展,人民生活水平不断提高,室内设计初具规模,中国室内设计业进入了一个从放开发展到形成独立专业的新时期。首先是建造涉外宾馆、办公楼及其他一些公共建筑对室内设计需求的推动,继而是特区新城的全面建设,使我国的室内设计开始有了长足的发展。1983 年以后,随着室内设计需求的不断增多,一些专业院校及建筑设计院成立了设计中心或室内设计专业组。如中央工艺美院、上海同济大学、重庆建筑工程学院等高等院校相继开设了室内设计专业,自此中国室内设计业开始拥有自己的专业教育和专业人士。1989—1999 年的十年间,中国的室内设计业进入了全面发展时期,专业队伍不断壮大,装饰装修公司在各地如雨后春笋般涌现。从 20 世纪 90 年代中期开始,室内设计思想得到了很大的解放,人们开始追求各种各样的设计风格,如图 2-22 和图 2-23 所示。

🏵 图 2-22

🏵 图 2-23

21世纪开始，由于房改的推行，很多年轻人开始买房，置办家具，为我国的室内设计行业注入了新的动力，使这一行业逐渐形成一定的市场规模。我国室内设计经过几十年的发展，经历了很多思想与形态演变的艰辛历程。

国际室内设计在进入21世纪后，随着高度信息化时代的到来，在图形技术、仿真技术、多媒体技术、网络技术等方面得到了迅速发展，室内设计更呈现出多元性和复合性的特点。世界的经济及科技的高速发展，已使各种学科及流派相互渗透，技术与艺术、传统与现代已相互融合，传统中纯粹的设计观念不断受到挑战和突破，形成了有着不同组合方式的复合性设计。设计的复合性不是各种形式任意的拼凑，也不是任何无秩序的权宜变通，它是传统与现代、东方与西方设计观念与设计方法的结合，是多样丰富的设计语言的体现。

在这个竞争的时代，无论是物质和精神，要想存在，就一定要有自己的特色。在设计领域，要想在国际上拥有一席之地，我们的装饰设计必须具有

中国特色，体现中华文明的精髓。综观世界建筑，杰出大师的作品都带有强烈的地域印痕。

中国是一个具有悠久历史的大国，其建筑艺术、园林艺术、工艺美术等都形成了自己独特的体系。中国的室内设计师应恰当运用这些建筑装饰中的文化瑰宝和五千年历史文化的积淀，结合时代特色，发展地域文化，促进设计创作的繁荣。随着经济的发展，国家实行的"中部崛起""西部大开发"将会为室内设计提供前所未有的历史机遇。建筑装饰行业的发展以及城市化进程的加快，提高了社会对室内设计人才的要求。

2.3.2　部分亚洲国家的室内设计

1. 日本

日本有文字记载的最早的住宅是天平年间建设的近江紫香乐宫的纳言藤原丰成的板殿，该大殿利用屏风、帘帷、幕布等划分内部空间。室内实施了简单的装饰，配置了日用器具，同时设置了椅座与平座，公事时则使用御椅。

到平安时代（794—1184），在佛寺建筑中形成了具有日本特色的和样建筑，在贵族府邸中形成了"寝殿造"。寝殿造形成于平安朝代后期，是仿效中国宫殿式建筑的住宅，其所有寝所的内部空间除涂笼（泥墙小屋）外，没有明确的区分，只在有活动时用屏风、帘帷等加以划分。而配置的必要的室内用品则称为"室礼""铺设"，榻榻米也仅在必要的场所铺设。

从镰仓幕府时代（1185—1335）到室町幕府时代（1335—1576），日本地方势力兴起，宫殿、神社、佛寺、府邸逐渐推向全国。此时，日本建筑一方面继续受中国建筑的影响，同时又融入了本民族的特色加以创造。日本住宅建筑开始打破古老的文化束缚，形成了一种地上铺满榻榻米，顶棚被装修，有角柱、高低隔板与书院的固定建筑样式，这就是书院造建筑。到安土桃山时代（1753—1602），日本既有文化开始真正迈向近世文化，形成了以城郭建筑为代表的兴盛的文化，并形成了真正的书院造建筑。这时从中国传来的饮茶、品茶逐渐变成人们的习惯，并在禅师倡导的品茶与斗茶下形成茶道，成为日本人审美观的一种特有的综合艺术，影响到书院造建筑，茶室遂大行其道，其间又以草庵风茶室

最为流行。

随着时间的推移,逐渐产生了数寄屋式的住宅形式。书院造与数寄屋相互影响、相互渗透并趋于结合,逐步演变成日本近现代和式住宅。

到明法时代 (1868—1911),日本政府开始招聘外国建筑师建造西式建筑,因此,室内装饰逐渐采用了"西、日折中"的形式。"和洋并用"的生活方式为绝大多数日本人所接受,而"全西式"或"全和式"都很少见。

日本室内设计在深受中国唐代建筑风格影响的同时,日本人以强烈的好奇心与对外来文化的宽容及兼容吸纳,逐渐发展出了自己的室内特色,从神社到住宅府邸,从茶室到枯山水式的写意庭园,无不体现出这个岛国民族独特的创造力。日本同时也是受禅宗思想影响比较大的国家,其室内设计很多是从禅宗的精神中构思出来的,为适应现代生活的需要,他们将禅宗理念融入特定的社会、文化背景中,并使传统文化得以延续与传承,如图 2-24 和图 2-25 所示。

图 2-24

图 2-25

2. 韩国

亚洲比较有代表性的国家还有韩国。韩国邻接中国,由于有着陆路与海路的交通便利,自然受到自唐代以来的汉文化影响,比如文字、绘画、建筑等方面。其传统建筑的形式正是在汇合中国传统建筑诸多元素的过程中逐步形成了自己的体系。

韩国人与自然相和谐的世界观,使得韩国人民能够相信自然,从容应对环境和生活。在他们的自然主义哲学当中,并不强调与自然对立,也不会把所有的细节把玩得天衣无缝,而是把自然环境始终当成最重要的因素和手段运用于建筑的规划、选址、立基和建造方面。他们对于建筑及室内设计相关哲学的解释和运用有自己的选择和调和方式,在空间处理方面体现出一种心绪的细腻和内敛的美。

韩国宫殿庙宇的型制式采用如同中国的建筑体系,使用斗拱,梁架举折相对平缓,出檐深远而浑厚,上覆厚重的瓦面。此类建筑的风格较接近于中国唐代建筑风格,但是也有一些建筑物的手法和构造不同于中国的风格。他们在寺院和宫殿建筑之上普遍采用彩绘图案。

由于有严格的等级制度,所以韩国传统民居不允许有过大的规模,在细部方面也不能够张扬、烦琐,尽量不用彩绘装饰。其传统住宅的理想模式为:住宅正面墙外设一泓水池,池内植莲花、建木亭,并在宅院后部建家族祭祀祖先的祠堂,与大自然相互协调的环境呈现素雅而淡静的氛围。与趋向自然的选址营造体系的自然哲学观一样,民居建筑物内部的空间多不强调多变曲回,尺度较小。而普通的民居建筑则类似于干栏式建筑,上盖稻草屋顶,内为地炕用以取暖。

住宅所用的木构架和木门窗等都基本不作绘饰,保持天然的纹理;构件尺度较小,形式简约而少装饰;屋面一般用茅草覆顶,屋顶外形有小歇山式以及悬山式。在乡村地区还常会见到样式较为原始的民宅:平面为简单的长方形,内部空间划分为两个房间和一个厨房;有的民居平面采用由长方形演变而来的 L 形,即在主房的一侧加建一个偏房,当中的主房与偏房的内部空间是连通的;有的民居是在两侧各加一偏房,使住宅的平面呈半围合状的

U形；还有的住宅以正房及偏房沿四边分列，从而四面围合成为方形内院，建筑物中间的内庭院作为起居和日常活动的空间。如图2-26和图2-27所示为韩国住宅。

图 2-26

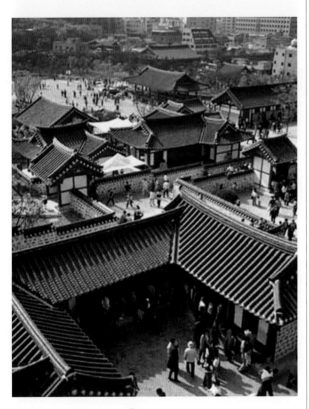
图 2-27

3. 越南建筑

古代越南人使用竹子和木头建造房屋来抵御野兽的袭击。在当地出土的铜鼓上描绘着两种房屋：一种形状像船，另一种形状像龟甲。由于越南有稠密的湖泊、沼泽、河流和潮湿的热带气候，最适

合的建筑材料是竹子和木头，房屋则通常采用干栏式建筑形式。直到19世纪末期，干栏式房屋仍然是越南山区、平原等地的主要建筑形式。

从公元前2世纪到公元9世纪汉人统治时期，越南建筑的类型更加丰富，包括堡垒、皇家陵寝、城寨、民居和塔。在11世纪，随着统一的封建国家的建立，李朝把建筑推向了一个新的发展时期。总体来讲，11—12世纪，李朝建筑具有五种典型类型：城寨、宫殿、城堡、塔、住宅。升龙（Thang Long）城寨就是一个宫殿综合体，大部分是3~4层的寺庙。那时，升龙文化是整个国家文化的象征。陈朝时期（13—14世纪）的主要建筑形式是皇宫、佛塔、住宅、寺庙、城寨。设计概念来源于越语"谈"（汉字三）的形状，包括三个主要部分：大堂、主厅和神堂。每个建筑都有4排柱子，这种结构既美观又耐用。内庭或者内花园在传统建筑风格中具有重要作用，反映了东方普遍的审美观念。皇家宫殿建筑的设计以上层建筑和开放式、连续的长廊为主要特征，适宜热带地区的居住环境。尽管这一时期发展迅速，但主要的建筑材料仍然是竹子和木头。进入15世纪，黎朝正统的主要建筑形式有两种：皇宫和皇陵。16—17世纪，宗教建筑，比如寺庙、佛塔、佛堂等建筑在各地出现。当封建主义渐渐失去活力的时候，民间艺术不断地通过建筑雕刻、绘画表现出来，刻画了犁地、行船、打猎、摔跤、伐木等生活场景。在18世纪，佛塔和寺庙的建造技术得到了进一步的发展。19世纪初期，随着阮朝将首都迁往顺化，越南北部巴哈地区的发展逐渐变缓，同时升龙地区的发展不断加快，城寨、文化建筑、寺庙和新的住宅区得以建设。顺化是当时发展的中心地区，大量的城寨、宫殿和陵墓得以建设。顺化的越南建筑受到了花园住宅的影响，与河内的筒式住宅具有很大不同。顺化建筑被认为是传统建筑形式的大融合，包括规划、结构、内部装饰、园林设计、城市规划等。19世纪末期，越南建筑受到了欧洲规划师带来新建筑风格的影响，法国文化和东方文化之间的互动也影响了越南建筑。从1975年越南统一之后，越南建筑取得了令人瞩目的发展。开发许多新的城市和住宅区、工业区、新村庄等，为地区发展带来了新的艺术价值，如图2-28和图2-29所示。

图　2-28

图　2-29

思考题

请分析中国室内设计史与西方室内设计史的联系及区别。

第3章　欧美现代主义和有机主义

本章要点

20世纪20年代形成了现代主义建筑中的一个重要派别——包豪斯；有机主义的代表人物阿尔瓦·阿尔托是芬兰现代建筑师，他是人情化建筑理论的倡导者，同时也是一位设计大师及艺术家。

3.1　包豪斯简介

包豪斯是1919年由当时著名建筑师瓦尔特·格罗庇乌斯在德国图林根州魏玛市建立的一所艺术设计学校，如图3-1所示，后改称设计学院（Hochschule fur Gestaltung），习惯上仍沿称包豪斯。包豪斯是德语Bauhaus的译音，由德语Hausbau（房屋建筑）一词倒置而成。

图　3-1

1919年，亨利·凡·德·维尔德（Henry Van De Velde，1863—1957）于1907年创立的魏玛萨克森大公爵高等艺术学校和魏玛工艺美术学校合并成为包豪斯学校。如图3-2所示为包豪斯在1923年设计的展览海报。

学校成立后，时任校长的瓦尔特·格罗庇乌斯邀请了约翰内斯·伊顿（Jogannes Itten，1888—1967）、约瑟

🔆 图 3-2

🔆 图 3-3

夫·艾伯斯 (Josef Albers，1888—1976)、保罗·克利 (Paul Klee，自 1921 年起)、瓦西里·康定斯基 (Wassily Kandinsky，自 1922 年起) 与奥斯卡·史雷梅尔 (Oskar Schlemmer，自 1921 年起) 至包豪斯任教，为包豪斯带来了强大的师资力量。包豪斯初期基本上是以工作坊的形式进行教学和艺术探索，这种工作坊是以艺术家及工艺师为中心而组织的。

在魏玛共和国时期，包豪斯的教师、学生及支持者被视为"左派"或国际主义人士，备受保守派敌视。在 1924 年 2 月，图林根议会选举后，政治形势转变，"左派"执政党下台。图林根新上台的政府开始对包豪斯施加政治上与财政上的压力。在德绍市政府的极力邀请下，包豪斯迁往德绍。在德绍，由马塞尔·布劳耶 (Marcel Breuer，1902—1981)、马特·斯塔姆 (Mart Stam，1889—1986) 及密斯·凡·德·罗所设计的第一个以钢管为材料的家具产生了，自此包豪斯开始积极参与到工业设计中。

1928 年 4 月 1 日格罗庇乌斯辞去校长的职务，并推荐瑞士建筑师汉纳斯·梅耶 (Hannes Meyer，1889—1954) 成为新校长。1930—1933 年由密斯·凡·德·罗担任包豪斯的校长。1931 年纳粹党在德绍大选获胜，由此导致了 1932 年包豪斯的第二次迁校，迁至柏林。1933 年，包豪斯终于在纳粹的压力下解散。第二次世界大战后，包豪斯校友马克斯·比尔 (Max Bill，1908—1994) 以包豪斯为典范创立了乌尔姆造型学院。1970 年年初，学院推出了包豪斯风格的家具和设计造型。自此，包豪斯风格日渐深入人心。1996 年在德绍的包豪斯建筑物被列为联合国教科文组织世界文化遗产，如图 3-3 所示。

包豪斯建校时正是第一次世界大战之后，德国战败，经济陷入困境，而当时又有大批的失业工人、退伍军人迫切需要住宅。由于社会动荡，当时社会上流行着各种各样的社会思潮，德国的先锋派人士吸收了各种思潮，形成一种兼容并蓄的艺术氛围。

以包豪斯为基地，20 世纪 20 年代形成了现代建筑中的一个重要派别——现代主义建筑，主张适应现代大工业生产和生活的需要，以讲求建筑功能、技术和经济效益为特征的学派（包豪斯一词又指这个学派）。包豪斯学校对现代建筑设计产生了深远的影响，将建筑造型与实用机能合而为一是这种风格的特征。包豪斯在调和"人"与"人为环境"的工作方面取得的丰硕成果已远远超过了 20 世纪的科学成就，是现代建筑史、工业设计史和艺术史上最重要的里程碑。事实上包豪斯的影响远不止于建筑领域，它对于工业设计、现代戏剧、现代美术等的发展都具有深刻的影响。包豪斯提倡客观地对待现实世界，在创作中强调以认识活动为主，并且猛烈批判复古主义。它主张新的教育方针以培养学生全面认识生活，以及意识到自己所处的时代并具有表现这个时代的能力为原则。它认为现代建筑犹如现代生活，包罗万象，应该把各种不同的技艺吸收进来，成为一门综合性艺术。在教学方法上，包豪斯认为指导如何动手比传授知识更为重要。教师必须避免把自己的手法强加给学生，而要让学生自己去寻求解决办法，同时强调设计中的集体协作。它强调建筑师、艺术家、画家必须面向工艺，为此，学院教育必须把车间操作同设计理论教学结合起来，学生只有通过手眼并用、劳作训练和智力训练并进，才能获得高超的设计才干。

34

格罗庇乌斯的包豪斯学校及校舍,令20世纪的建筑设计挣脱了过去各种主义和流派的束缚。它遵从时代的发展、科学的进步与民众的要求,适应大规模的工业化生产,开创了一种新的建筑美学与建筑风格。

3.2 勒·柯布西耶及粗野主义室内设计

勒·柯布西耶出生于瑞士,是一位集绘画、雕塑和建筑于一身的现代主义建筑大师,是现代建筑里程碑式的人物,其设计作品显示了同时代的绘画与雕塑在向建筑的概念转换。在其努力变革并逃离历史风格束缚的过程中,建筑和其他视觉艺术共享进入了抽象的旅程。他在1929年设计萨伏伊别墅时,对新的建筑语言做了总结,成为现代主义建筑设计的经典作品之一。他关注下层民众的居住条件,倡导大量生产的工业住宅。1952年建造完成的"马赛居住单位"是现代主义公寓建筑的杰作。勒·柯布西耶对现代主义语言探索极广,对模数化和工业预制生产住宅的研究也很深入,并有著述和实践,是现代主义建筑设计中当之无愧的领袖人物之一。他晚年设计的郎香教堂,以粗犷、隐喻的造型设计举世闻名,特别是室内深邃、神秘的意境和气氛,给人留下难忘的印象。

1. 萨伏伊别墅

勒·柯布西耶的萨伏伊别墅是现代主义建筑的经典作品之一,位于巴黎近郊的普瓦西(Poissy),由现代建筑大师勒·柯布西耶于1928年设计,1930年建成,使用钢筋混凝土结构。这幢白房子表面看来平淡无奇(如图3-4所示),简单的柏拉图形体和平整的白色粉刷的外墙,简单到几乎没有任何多余装饰的程度,"唯一的可以称为装饰部件的是横向长窗,这是为了能最大限度地让光线射入"。

在1926年出版的《建筑五要素》中,柯布西耶曾提出了新建筑的"五要素":①底层的独立支柱;②屋顶花园;③自由平面;④自由立面;⑤横向长窗。

萨伏伊别墅正是勒·柯布西耶提出的这"五要素"的具体体现,甚至可以说是最为恰当的范例,对建立和宣传现代主义建筑风格影响很大。

🏛 图 3-4

萨伏伊别墅深刻地体现了现代主义建筑所提倡的新的建筑美学原则,其表现手法和建造手段相统一,建筑形体和内部功能密切配合,建筑形象合乎逻辑性,构图上灵活均衡而非对称,处理手法简洁,在建筑艺术中吸取了视觉艺术的新成果,这些建筑设计理念启发和影响着无数建筑师。即便到了今天,现代主义的建筑仍为诸多人士所青睐,因为它代表了进步、自然和纯粹,体现了建筑的最本质的特点,如图3-5所示。

🏛 图 3-5

2. 马赛公寓大楼

为缓解第二次世界大战后欧洲房屋紧缺的状况而设计的新型密集型住宅,充分体现了勒·柯布西耶战前要把住宅群和城市联合在一起的想法。1945年反法西斯联军迫近柏林,勒·柯布西耶应时任法国战后重建部长之邀,设计了一座大型的居住公寓,被设计者称为"居住单元盒子"的马赛公寓,如图3-6所示。

在设计马赛公寓的过程中,勒·柯布西耶运用文艺复兴时期达·芬奇的人文主义思想,演变出一套模数系列。这套模数以男子身体的各部分尺寸为

图 3-6

基础，形成了一系列接近黄金分割的定比数列。他套用模数来确定建筑物的所有尺寸。

马赛公寓代表勒·柯布西耶对于住宅和公共住居问题研究的高潮点，结合了他对于现代建筑的各种思想，尤其是关于个人与集体之间关系的思考。那里的居民都已经形成了一个集体性社会，就像一个小村庄，共同过着祸福与共的生活。

更重要的是他把公寓的底层架空，与地面上的城市绿化及公共活动场所相融，让居民尽可能接触社会、接触自然，增进居民之间的相互交往。他还把住宅小区中的公共设施引进公寓内部，如商业街、游戏休憩绿地、娱乐设施等，使公寓成为满足居民心理需求的小社会。这些都值得当代建筑师学习和借鉴。

3. 朗香教堂

朗香教堂如图 3-7 所示，1950—1953 年由法国建筑大师勒·柯布西耶设计建造，1955 年落成。朗香教堂的设计对现代建筑的发展产生了重要影响，被誉为 20 世纪最为震撼、最具有表现力的建筑之一。

朗香教堂位于法国东部索恩地区距瑞士边界几英里的浮日山区，坐落在一座小山顶上。朗香教堂是勒·柯布西耶在第二次世界大战后的重要作品，代表了勒·柯布西耶创作风格的转变。在朗香教堂的设计中，勒·柯布西耶脱离了理性主义，转向了浪漫主义和神秘主义。

朗香教堂的白色幻象盘旋在欧圣母院朗香村之上，从 13 世纪以来，这里就是朝圣的地方。教堂规模不大，仅能容纳 200 余人，教堂前有一可容万人的场地，供宗教节日时来此朝拜的教徒使用。

图 3-7

在朗香教堂的设计中，勒·柯布西耶把重点放在建筑造型上和建筑形体给人的感受上。他摈弃了传统教堂的模式和现代建筑的一般手法，把它当作一件混凝土雕塑作品加以塑造。

教堂造型奇异，平面不规则；墙体几乎全是弯曲的，有的还倾斜；塔楼式的祈祷室的外形像座粮仓；沉重的屋顶向上翻卷着，它与墙体之间留有一条 40 厘米高的带形空隙；粗糙的白色墙面上开着大大小小的方形或矩形的窗洞，上面嵌着彩色玻璃；入口在卷曲墙面与塔楼交接的夹缝处；室内主要空间也不规则，墙面呈弧线形，光线透过屋顶与墙面之间的缝隙和镶着彩色玻璃的大大小小的窗洞投射下来，使室内产生了一种特殊的气氛，如图 3-8 所示。

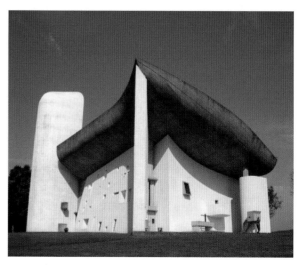

图 3-8

3.3 密斯及精细主义室内设计

德国建筑大师密斯·凡·德·罗出生于德国，石匠家庭的背景使他很早就娴熟地掌握了工具的使用，并养成对材料的重视。他最初是选用石料，而后则是使用钢和玻璃这两种现代建筑材料。1913年，他在柏林创办了自己的事务所。第一次世界大战以后，他设计了许多外部带有整体玻璃幕墙的高层建筑方案。

密斯·凡·德·罗是一位潜心研究细部设计又抱着宗教般信念的超越空间的设计巨匠，设计上倾向于造型的艺术研究和广阔空间的观念，而不是把功能作为设计的注解。在1929年设计的巴塞罗那国际博览会和1958年完成的西格拉姆酿造公司的38层办公楼（如图3-9所示），以及1969年设计的西柏林20世纪博物馆，都是现代主义建筑设计的里程碑。

密斯·凡·德·罗在室内空间设计上主张"灵活多用、四望无阻"，提出"少就是多"的口号，造型上力求简洁的"水晶盒"样式。

图 3-9

密斯注意细部设计，对衔接和节点处的处理极为重视。他对使用材料十分讲究，多用名贵的材料（如铜、青铜、玻璃、花岗岩等）。这种做法对20世纪六七十年代的现代主义建筑及室内设计产生了很大的影响。如图3-10所示，有十字形柱的巴塞罗那国际博览会德国馆（1928—1929）范斯沃斯住宅是密斯的典型"水晶盒"式设计，通透的玻璃打通了室内外的一切障碍，使室内外空间得以融合，从而达到空间自由流动的效果。

图 3-10

密斯早期是提倡现代建筑的主将，主张建筑必须具有时代性。他在1919—1921年提出的钢和玻璃摩天大楼方案具体反映了这个特点。他认为今天的建造方法必须工业化，而这是一个材料问题。他利用了工业化新材料——钢和玻璃（如图3-10所示）。经过坚持不懈的努力，他终于使光亮式的玻璃摩天楼在20世纪50年代以后成为世界上最流行的一种风格。密斯的建筑大多是矩形的，从平面到造型简洁明了，逻辑性强，表现出理性的特点。他这种讲究技术精美的建筑设计思想与严谨的造型手法对全世界的建筑师们产生了深刻影响。

密斯不仅擅长建筑设计，同时也是一名造诣很深的室内设计师。他在建筑设计中一直遵循他的座右铭"少就是多"。他也用这种建筑设计原则来布置室内。在1927年的德意志联盟展览会上，他和利利赖克一起做了精彩的设计。展览会上的展品力求少而精，要求每一件东西都能起到重要的作用。他用最少的隔断墙、架子和橱窗，以达到最大的使用与艺术效果。所有衬托展品的构件都考虑到和展品性质的一致性，例如玻璃展品的衬托隔墙都是选用玻璃材料。如图3-11所示为巴塞罗那国际博览会德国馆大理石壁面，丝绸展品的衬托隔墙都是用丝织品饰面，而且所有隔墙与橱窗细部的设计都非常简洁，与标志和建筑特征一致。

🕊 图 3-11

密斯讲究内外空间一体、室内布置与家具一体的原则。他设计了现代风格的椅子——金属藤椅，这种椅子在1927年的展览会上获得了成功。这是一种用镀克罗米的钢管弯曲而制成的椅子，造型优美。他在1929年巴塞罗那展览馆中设计的椅子，靠背与座位采用相反的曲线，不仅造型简洁漂亮，而且坐起来特别舒适。密斯对于工艺的重视常常使他对每一件零件的计算都要精确到毫米，例如带状金属片的宽与厚，以及在交接点处的曲率半径，皮带的宽和间隔，皮垫子的长方形比例等。

继巴塞罗那展览馆之后，密斯于1930年在捷克斯洛伐克布尔洛城所设计的吐根哈特住宅中发展了流动空间的概念，作品的特点主要体现在起居部分的空间处理和室内材料的应用上，尤其表现在底层室内设计上，密斯将它设计成一个开敞的大空间。在客厅与书房的分界处用一块独立的墙体分隔，这块墙体是由精美的条纹玛瑙石板拼成的。另外，在餐厅部分则用乌檀木做成弧形墙体来分隔，

因此整个起居部分就被划分为四个互相联系的空间：书房、客厅、餐厅和门厅。内部流动的空间同时也被玻璃外墙引向花园，进一步加强了联系，于是它成了一个经典的现代室内设计。

密斯晚期最著名的设计作品是范斯沃斯住宅，如图3-12（外景）和图3-13（室内）所示，这是他1945年为美国单身女医师范斯沃斯设计的一栋住宅，1950年落成。住宅坐落在帕拉诺南部的福克斯河右岸，房子四周是一片平坦的牧野，夹杂着茂密丛生的树林。与其他住宅建筑不同的是，范斯沃斯住宅以大片的玻璃取代了阻隔视线的墙面，成为名副其实的"看得见风景的房间"。范斯沃斯住宅造型类似于一个架空的四边透明的盒子，建筑外观也简洁明净且高雅别致。袒露于外部的钢结构均被漆成白色，与周围的树木草坪相映成趣。由于玻璃墙面的全透明观感，使建筑视野开阔，空间构成与周围风景环境一气呵成。

🕊 图 3-12

🕊 图 3-13

3.4 赖特及有机主义室内设计

美国人弗兰克·劳埃德·赖特（Frank Lioyd Wright，1867—1959）是世界著名现代建筑大师、艺术家和思想家。美国建筑百科全书对赖特的评价是："必须承认赖特是那个时代或许也是任何一个时代最有创造力的建筑师之一。他极不寻常的生活经历和哲学思想，说明他是富有诗意的幻想家和艺术家，是注重实效的工程师，是一位改革者和传播福音的教士，在他全部的倾向中贯穿着对生活和自然的积极回报，这样的态度和信念曾一次又一次地表现在他的建筑作品中。但凌驾于这一切之上的自然是他是一位艺术家，他所偏爱的表现工具正是建筑。"

赖特无比热爱美国中西部宽广的自然草原，他尊重美国本土文化，注重发掘事物内在潜力，冷峻地批判流行时尚，最后他终于产生了自己的建筑哲学，以及许多既具有风采又蕴含意义的建筑作品。在美国建筑从折中主义向现代主义发展的历史过程中，他做出了历史性贡献，也为世界建筑史留下了不少经典之作。他一生从事建筑活动近70年，建成的作品有400多件，另有数百个设计方案，出版了几十本著作和论文集，他的影响至深至远。

赖特具有崇尚自然的建筑观，他在许多论述中表达了他对自然的崇敬，认为美来自自然。他特别强调建筑物的设计要尊重天然环境，每幢建筑物都应是基地的唯一产物。他说："自然的启示是取之不尽的，它的富有远超乎人的意料……对建筑师来说，没有比自然规律更丰富、更有启示的美学源泉。"在建筑实践中，他力图打破古典主义建筑那种在人与自然之间设置的障碍。他首先关注的是使建筑体量、比例、尺度、布局和地形相协调。他还擅长模拟自然，他曾说："设计是自然的提炼——以一种纯几何方式出现的因素。"他的草原式住宅采用低矮而水平伸展的形体，实际上是对广阔的中西部草原的一种模拟。这种外部形态的模拟更多的是通过抽象形式的提炼来反映建筑基地外部的自然形态和风貌。对自然的理解和尊重还表现在他忠于天然材料的特质并将它们在建筑整体中充分展露，成为人工物和自然之间的有力联系。他还特别在意天然气候，注重在内部空间引进光线和空气，反对人工空调。在对自然的理解方面，他指出：自然不只是

那些户外的云层、林木、岩石、走兽和风风雨雨，也包括材料、工具、计划和情绪的内在本质，还包括人或人的一切内在方面。这种内部的自然用大写的 N 来表示，就是指的一种内在原理。因此可以看到赖特视建筑为文化的表达和艺术创作，最高目标是顺应和表现自然力以达到美的境界；其次是以建筑表达时代、生活和人类文明。为此他调动了传统、环境、材料、机器、施工技术等多种手段，这一切恰恰是建筑的"内部自然"。

赖特强调创造属于美国的建筑文化，就是首先立足于吸收民间传统中有价值的内容去创立美国自己的建筑文化，他坚信："文化来自存在，不能贩卖。"

赖特的设计理念还包括技术为艺术服务，应强调表现材料本性及创造连续运动的流动空间。

流水别墅（如图3-14和图3-15所示）是赖特为考夫曼家族设计的别墅。在瀑布之上，赖特实现了"方山之宅"（house on the mesa）的梦想，悬空的楼板锚固在后面的自然山石中，主要的一层

🏠 图　3-14

🏠 图　3-15

几乎是一个完整的大房间，通过空间处理而形成相互流通的各种从属空间，并且有小梯与下面的水池连接；正面在窗台与天棚之间有放在金属窗框中的大玻璃，虚实对比十分强烈。整个构思十分大胆，成为无与伦比的世界最著名的现代建筑。整体建筑占地 380m²，室外阳台面积达 300m²，可见他对内外空间同等重视。建筑共 3 层，底层直接临水，设起居、餐厨等空间，一串悬挂小楼梯可使人从起居室直达水面，侧台上放置向上呼应的人形雕塑，从楼梯洞口可以俯视到流水，而且引来水上清风。流水别墅的一层大起居室的横向低矮空间与周边大玻璃窗将视线动态地引向外部景观。室内运用家具的围合分割出休息、餐饮、娱乐和读书、书写等几组空间，其家具往往与建筑作整体设计，或将休息椅、书桌凹入墙内，或将家具结构潜入墙内，一些天然的露头岩从地下凸起在起居室地面，成为壁炉前的天然风景，如图 3-16 和图 3-17 所示。

🌐 图　3-16

🌐 图　3-17

各室的装修深入细致，精雕细琢。为保持室内外的通透，赖特专门设计了没有竖棂的角窗和嵌在石缝中的玻璃，玻璃直落地面，如图 3-18 所示。卫生间用软木装修，墙和台上也用艺术品点缀，室内家具皆由赖特统一设计。地毯和布艺制品也都由赖特统一设计配置，室内陈设的艺术品也是他精心挑选的，多处陈设用中国艺术品和印第安人的装饰。

流水别墅建成后取得了不同凡响的成功，被誉为"绝顶的人造物和优雅的天然景色的完美平衡"，"是 20 世纪的艺术杰作"。这是一幢住宅，又是一件艺术品（如图 3-19 所示），成为公认的"世界上除了皇宫以外的最有名的住宅"。每年都有成千上

🌐 图　3-18

🌐 图　3-19

万的参观者访问这件艺术杰作。现已无人居住,专供游客参观,是世界各国建筑师、室内设计师前往美国进行事业性考察的必选之地。

3.5 有机主义者阿尔托

阿尔瓦·阿尔托 (Aalto,Hugo Alvar Herik Aalto, 1898—1976) 是芬兰现代建筑师,人情化建筑理论的倡导者,同时也是一位设计大师及艺术家。

阿尔托于 1898 年 2 月 3 日出生于芬兰的库奥尔塔内小镇 (Kuortane),1921 年毕业于赫尔辛基工业专科学校建筑学专业。1923 年起,先后在芬兰的于韦斯屈莱市和土尔库市开设建筑事务所。

大约在 1924 年,他为学校设计了几处咖啡馆和学生中心,并为学生设计成套的寝室家具,主要运用"新古典主义"的设计风格。

阿尔托于 1928 年参加国际现代建筑协会。1929 年,他按照新兴的功能主义建筑思想,同他人合作设计了为纪念土尔库建城 700 周年而举办展览会的场所建筑。他抛弃传统风格的一切装饰,使现代主义建筑首次出现在芬兰,推动了芬兰现代建筑的发展。第二次世界大战后的最初 10 年,阿尔托主要从事祖国的恢复和建设工作,为拉普兰省省会制订区域规划。

1931—1932 年,阿尔托设计了芬兰帕伊米奥结核病疗养院,如图 3-20 所示。他设计的现代化家具也在那里亮相,这是阿尔托的家具设计走向世界的更大突破。

🌐 图 3-20

阿尔托于 1940 年任美国麻省理工学院客座教授,1947 年获美国普林斯顿大学名誉美术博士学位,1955 年当选芬兰科学院院士。1957 年获英国皇家建筑师学会金质奖章,1963 年获美国建筑师学会金质奖章。他于 1976 年 5 月 11 日在赫尔辛基逝世。

阿尔托主要的创作思想是探索民族化和人情化的现代建筑道路。他认为工业化和标准化必须为人的生活服务,适应人的精神要求。阿尔托的创作范围广泛,从区域规划、城市规划到市政中心设计,从民用建筑到工业建筑,从室内装修到家具和灯具以及日用工艺品的设计。

他说:"标准化并非意味着所有的房屋都一模一样,而主要是作为一种生产灵活体系的手段,以适应各种家庭对不同房屋的需求,适应不同地形、不同朝向、不同景色等。"他设计的建筑物的平面设置灵活,使用方便,结构构件巧妙地化为精致的装饰;建筑造型娴雅,空间处理自由活泼且有动势,使人感到空间不仅是简单地流通,而且在不断延伸、增长和变化。阿尔托热爱自然,他设计的建筑总是尽量利用自然地形,融合优美景色,风格纯朴。

由于芬兰地处北欧,盛产木材,铜产量居欧洲首位,因此阿尔托设计的建筑物外部饰面和室内装饰反映了木材特征,铜则用于点缀及表现精致的细部。建筑物的造型沉着稳重,结构常采用较厚的砖墙,门窗设置得当。他的作品不浮夸、不豪华,也不追随欧美时尚,创造出了独特的民族风格,有鲜明的个性。在芬兰首都赫尔辛基,阿尔托的杰作比比皆是,有赫尔辛基理工大学的校园、芬兰大厦 (Finlandia) 音乐厅及会议中心、赫尔辛基文化宫、斯道拉·恩索 (Stora Enso) 公司总部大楼等。

简洁、实用是芬兰设计的特点,构思奇巧是芬兰设计的精髓。芬兰人特别擅长利用自然资源实现设计目的。阿尔托开辟了家具设计的新道路,在 20 世纪 30 年代创立了"可弯曲木材"技术,将桦树巧妙地模压成流畅的曲线。阿尔托将多层单板胶合起来,然后模压成胶合板,这些实验创造了当时最具创新的椅子,如图 3-21 所示为帕米奥特椅。

1936 年,阿尔瓦·阿尔托为他负责的室内装修设计项目的赫尔辛基甘蓝叶餐厅 (Ravintola Savoy) 设计了一款"皱叶甘蓝"花瓶作为装饰品之一 (如

图 3-22 所示)，该花瓶后来以他的名字命名并成为经典玻璃制品。该花瓶不仅在 1937 年巴黎国际博览会上展现了芬兰现代设计的水平，还成为世界众多博物馆的珍藏品，并在 1988 年获得国际桌上用品奖。该花瓶的设计趣味来自随意而有机的波浪曲线轮廓，完全打破了传统的对称玻璃器皿的设计标准。人们猜测波浪曲线轮廓象征着芬兰星罗棋布的湖泊。这是天才的设计大师阿尔托除了建筑之外，为玻璃器皿制造业留下的经典杰作。从年代上看，阿尔托花瓶已经是"古董"，但从设计上看，该作品至今仍然十分超前、现代。

图 3-21

图 3-22

3.6 波特曼空间

约翰·波特曼 (John Portman，1924—2017) 是美国建筑师兼房地产企业家，他以创造一种别具匠心的旅途中庭 (共享空间——"波特曼空间") 而著名。如图 3-23 所示的上海商城中庭也是其代表作品。

图 3-23

共享空间在形式上大多具有穿插、渗透、复杂变化的特点。中庭共享空间往往高达数十米，是一个室内的主体广场，其中有立体绿化、休息岛、酒吧饮料、垂直上下运行的透明电梯井、纵横交错的天桥喷泉水池、雕塑及彩色灯光等，令人应接不暇。人们在其中坐憩观游，能感受到生气勃勃的气氛。

波特曼在建筑理论上提出了"建筑是为人而不是为物"的设计指导思想，他重视人对环境空间在感情上的反应和回响。在手法上他着重于空间处理，倡导把人感官上的因素和心理因素融汇到设计中。如运用统一与多样，同时兼顾运动、光线、材料色彩，以及引进自然、水等手法，创造出一种人们可以凭直觉感受到的和谐环境。

1. 亚特兰大马奎斯万豪酒店

1967 年，约翰·波特曼所设计的亚特兰大马奎斯万豪 (Marriott Marquis) 酒店 (如图 3-24 ~ 图 3-26 所示) 在建筑设计行业中革命性地把中庭概念引入了现代酒店设计中。该会议酒店有 1674 间客房和令人印象深刻的 53 层高的中庭。酒店把公共活动组织在裙房中；雕塑形的塔楼用于设置酒店客房和套房；裙房中包括一个展览厅、行政会议中心和两个宴会厅，其中还设置了各种不同的餐厅和咖啡厅；人行天桥把中庭大堂、办公楼和桃树中心其他建筑连接在一起。自然光、雕塑、树、水景和周边人行道咖啡座使得室内环境犹如大型室外广场，营造出一个类似公园的环境。它为客人和当地社区人员使用会议和交易展览设施、商店和餐厅提供了便利通道。

🏛 图　3-26

🏛 图　3-24

2. 旧金山时装中心

约翰·波特曼设计的旧金山时装中心建造于 1990 年，是一幢 6 层、68800 万平方米（740000 平方英尺）的建筑，可同时举行 450 场展览。带重复的钢质上下推拉窗的砖石立面可使建筑与其相邻环境相融合（这里曾是一个制造生产区）。屋顶平面附近和壁柱基础处的装饰性建筑镶嵌物和照明装置，使建筑与旧金山早期的建筑形式之间产生了联系。建筑内部的大中庭剧院有 5 层楼高，使整个室内沐浴在自然光线中，如图 3-27～图 3-29 所示。

3. 旧金山内河码头中心

约翰·波特曼设计的内河码头中心（Embarcadero Center）是大型都市重建项目的商业部分，分期建设，包括 8 个街块，基地面积 40 万平方米（430 万平方英尺），由 5 幢办公楼组成，包括了分别拥有 800 间和 360 间客房的两幢酒店和一座多层步行商场，商场位于基地的中央。内河码头中心的设计在保留商务社团和酒店客人所需的私人设施的同时，还提供便于人行步道活动和提高社团集结能力的设施（如图 3-30 所示）。33 层

🏛 图　3-25

办公楼是获奖的内河码头中心的一部分，主要是通过改建原来的联邦储备办公楼，把一个破烂的仓库区转变为都市。沿一条人行干道布置的绿化广场和天桥把三层商场空间连接起来，把这幢宏伟的大楼与其他高层办公楼、酒店和贾斯汀·赫尔曼广场（Justin Herman Plaza）连接在一起，如图 3-31 和图 3-32 所示。

图 3-29

图 3-27

图 3-28

图 3-30

图 3-31

图 3-32

4. 太阳信托投资广场

约翰·波特曼设计的太阳信托投资广场高60层,占地13万平方米(140万平方英尺)。这幢办公楼是桃树中心建筑群北端的标志,并已成为亚特兰大中央商务区天际线的主要标志。外立面上鲜艳的花岗岩和灰色玻璃强化了大楼块面雕塑形态。大楼平面是正方形,办公楼突出部分交替的凹凸在每个楼面上产生了36个转角办公室,使之成为理想的公司总部大楼。地块、地势的高差为创造四个进入18米(62英尺)高大共享空间的主入口创造了条件。每个入口连接不同的街面,并提供不同的到达感受。在上部大堂层,一座高架平台环绕圆柱形电梯核芯筒,俯瞰下方,是为公众设计的观赏大型雕塑的陈列廊。在室外广场层,一座玻璃和钢制成的雨棚覆盖下方的走道并环抱着塔楼;室外广场和绿色空间作为公共雕塑公园供公众使用,如图 3-33 ~ 图 3-35 所示。

图 3-33

5. 埃默里大学学生中心

约翰·波特曼所计的埃默里大学(Emory University)学生中心项目包括改造和扩建原有的学生联合大楼,主要的增建空间用于备餐和就餐,还包括一个宴会厅/宴会室、邮局、书店、休息室和服务

区。原来的大楼外立面予以保留，经过改造，现包括
两个剧场、行政办公楼和学生活动区。新建筑和老
建筑结合在一起形成了一个多层宽大的室内拱廊。
学生们在这个剧院式空间中举行音乐会、进餐、学
习和进行社交活动，它已成为校园中的"客厅"，如
图 3-36 ～图 3-38 所示。

🎨 图　3-34

🎨 图　3-36

🎨 图　3-35

🎨 图　3-37

图 3-38

图 3-39

6. 上海商城

波特曼公司设计了上海商城，如图 3-39 所示。约翰·波特曼设计的上海商城是上海市中心最早由国外投资建造的大型公共服务性建筑，其中设有酒店、办公、住宅、商场和展览空间。1990 年上海商城开门营业，取得了巨大的成功，它被中国媒体描述为中国内地五颗建筑之星之一。其造型像一座大山矗立在上海南京西路上。上海商城高 164 米，建筑面积为 18.5 万平方米。上海商城地处上海最繁华的闹市区，是上海高档商场、写字楼聚集的地方。上海商城功能完善，不仅有高档写字楼，还拥有星级酒店和大型商场等。

上海商城的最大特点就是波特曼带来的内部庭院的贯通，如图 3-40 和图 3-41 所示。从高大的入口进入建筑内部后，不是常规的大堂设计，而是把环境引入其中。整个建筑的功能非常复杂，除了酒店、办公，还有银行、商业、剧场、停车场、私人俱乐部等。

作为 20 世纪 80 年代的建筑，上海商城至今依旧没有落伍，这是因为其完善的内部空间是后来很多新建筑不能比拟的。

图 3-40

🎨 图 3-41

3.7 贝聿铭及近期现代作品

美籍华人建筑大师贝聿铭（Pei, Leoh Ming, 1917—2019）被称为"美国历史上前所未有的最优秀的建筑家"。1983年,他获得了建筑界的"诺贝尔奖"——普里茨克建筑奖。作为20世纪世界最成功的建筑师之一,贝聿铭设计了大量的划时代建筑。贝聿铭属于实践型建筑师,作品很多,论著则较少,他的工作对建筑理论的影响基本局限于其作品本身。

贝聿铭祖籍苏州狮子林,1917年4月26日生于广州,其父是中国银行创始人之一的贝祖怡。他1935年于美国宾夕法尼亚大学攻读建筑,后转学至麻省理工学院,1940年以优秀的成绩毕业。1958年贝聿铭成立了个人的建筑事务所,开业以来几乎每有工程竣工就受到建筑界的注目,获得荣誉。1978年他设计的美国国家美术馆东馆获普利兹建筑奖,1996年6月他当选为中国工程院外籍院士。

1. 约翰·肯尼迪图书馆

1964年美国为纪念已故总统约翰·肯尼迪,决定在波士顿港口建造一座永久性建筑物——约翰·肯尼迪图书馆,如图3-42所示。这座花费15年建造并于1979年落成的图书馆,由于贝聿铭的设计新颖、造型大胆、技术高超,在美国建筑界

引起了轰动,被公认为是美国建筑史上最佳杰作之一。美国建筑界宣布1979年是"贝聿铭年",授予他该年度的美国建筑学院金质奖章。

🎨 图 3-42

2. 罗浮宫金字塔

巴黎罗浮宫玻璃金字塔是法国密特朗时代最辉煌的建筑,整个建筑只有塔尖露出地面,如图3-43所示,别具匠心的设计被公认为当代建筑艺术最伟大的奇迹。这座被列为"当代建筑十大奇迹"之首的建筑同样是贝聿铭的得意之作。

🎨 图 3-43

20世纪80年代初,法国总统密特朗决定改建和扩建世界著名艺术宝库罗浮宫。为此,法国政府广泛征求设计方案,应征者都是法国及其他国家的著名建筑师,最后由密特朗总统出面,邀请世界15个声誉卓著的博物馆馆长对应征的设计方案遴选抉择。结果,有13位馆长选择了贝聿铭的设计方案。他的设计是用现代建筑材料在罗浮宫的拿破仑庭院内建造一座玻璃金字塔,且金属支架的负荷超过了它自身的重量。不料此事一经公布,在法

国引起了轩然大波。人们认为这样会破坏这座具有 800 年历史的古建筑风格，"既毁了罗浮宫，又毁了金字塔"。但是密特朗总统力排众议，还是采用了贝聿铭的设计方案。同年，他获得了被称为建筑界诺贝尔奖的普茨克奖。如今，人们不但不再指责，而且如是称赞："罗浮宫院内飞来了一颗巨大的宝石。"

玻璃金字塔是新罗浮宫美术馆的大门，如图 3-44 所示，人们可借电扶梯从广场到达拿破仑厅。拿破仑厅可视为一个"迷你美术馆"，因为其设计及管理方式完全与美术馆的展览空间分离，是一个可以独立营运的空间，人们不必购票就可以享受这阳光饱满的大空间。拿破仑厅有两层，人们通常都是先抵达大厅，其中不锈钢的螺旋形楼梯，令人不禁想到贝聿铭所有美术馆中具有的雕塑特色的楼梯，如图 3-45 所示。不过这次他没有再用混凝土，而是选用更具有"科技性"的建材。看似十分单纯的不锈钢楼梯其实很不简单，没有支柱，完全依靠楼梯本身的螺旋形特性支撑，而且楼梯高度近 9 米，高度相当惊人；同时为了美观，不锈钢板的厚度不能过厚。不过虽然有这些限制，贝聿铭依然很成功地创造了一座优雅的楼梯，达到贝聿铭一贯的空间焦点效果。在螺旋梯的中央有一个圆座，许多人不明就里，甚至误认为是一个没有人的询问服务台，事实上那是服务于残障人士的动力电梯。当使用时，电梯厢才会浮现，上下变动的电梯厢就像一件"现代化的雕塑"，时隐时现，上上下下，更增添了大厅空间的趣味。

🌐 图　3-45

3. 美国国家艺廊东厢

美国国家艺廊是富豪梅安祖捐献给国家的美术馆，如图 3-46 所示。这个美术馆是全世界最年轻的国家级美术馆之一，与法国罗浮宫美术馆等其他国度的国家美术馆相比较，它的收藏品不是皇室的财产，也没有靠战争掠夺来的战利品，而是从收藏品到馆舍全是私人捐赠。从建筑的观点来看，该馆反映了美国建筑发展的演变过程。国家艺廊分为两部分，位于西侧的古典样式建筑物于 1974 年 3 月 17 日落成，由被称为"末世罗马人"的古典派建筑师柏约翰设计。在规划设计国家艺廊增建的东厢时，正值后现代主义渐渐流行之际，贝聿铭却笃信现代建筑仍是主流，还会继续保有主导的地位，他坚决地表示建筑不是讲究流行的艺术，建筑物应该以环境为思考起点，与毗邻的建筑物相关，与街道相结合，而街道应该与开放空间相关。此环境理念在东厢艺廊中得以淋漓尽致地发挥。

🌐 图　3-44

🌐 图　3-46

此扩建工程的计划书是由贝聿铭先后与两位馆长沃克和布朗共同拟订的。而根据考察欧洲美术馆的心得,展览室应该有亲切感,空间绝不可太大,他们对位于意大利米兰的POLDI-PEZZOLI美术馆印象极佳,此馆有三层楼高,像是由许多"小馆"组合而成,有一个极优雅的楼梯。因此,"馆中馆"的构想与楼梯的设计就被纳入建筑计划之中,如图3-47所示。陌区是华府的观光胜地,可是陌区本身极缺乏足够的餐馆服务,国家艺廊增建也特别考虑到此需求,所以大餐饮空间是建筑计划中的重要部分。东厢的建筑计划将空间按功能可分为三大项:展览、研究中心与后勤支援,其面积平均分配,各占三分之一,如图3-48所示。

图 3-47

图 3-48

4. 香港地区的中国银行大厦

中国银行大厦是中国银行在香港的总部。中国银行大厦由贝聿铭建筑师事务所设计,1990年完工,如图3-49所示。总建筑面积为12.9万平方米,地上70层,楼高315米,加上顶部两杆的高度,共有367.4米。大厦建成时是香港最高的建筑物,也是美国以外地区最高的摩天大厦。大厦结构采用4角12层高的巨型钢柱支撑,室内无一根柱子。

仔细观察中国银行大厦,会发现许多贝聿铭作品惯用的设计。以平面为例,中国银行大厦是一个正方平面,对角划成4组三角形,每组三角形的高度不同,节节升高,使得各个立面在严谨的几何规范内变化多端,外形像竹子的"节节升高",象征着力量、生机、茁壮和锐意进取的精神;基座的麻石外墙代表长城,代表中国。

图 3-49

地标建筑与普通建筑的不同之处,就在于地标应该作为城市中的建筑主角,它承载的不仅是其建筑本身的文化内涵,还包括城市的文化。而香港中国银行大厦就是这样的城市地标,它被赋予了特殊的含义:中国银行大厦不仅是一座建筑,而且它象征着香港美好的未来前景,要让老殖民地的建筑相形见绌。贝聿铭说,它代表了"中国人民的雄心"。

5. 日本美秀博物馆

贝聿铭向我们展现的是这样一个理想的画面:一座山,一个谷,还有躲在云雾中的建筑。许多中国古代的文学和绘画作品都围绕着一个主题,即走过一个长长的、弯弯的小路,到达一个山间的草堂,草堂隐藏在幽静中,只有瀑布声与之相伴……那便是远离人间的仙境,如图3-50所示。

图 3-50

6. 香山饭店

北京香山饭店于 1984 年建立,位于北京西郊香山公园内,如图 3-51 所示。该饭店是贝聿铭先生主持设计的一座融中园古典建筑艺术、园林艺术、环境艺术为一体的四星级酒店。

图 3-51

饭店依凭山势,院落相间,具有中国古典建筑的传统特色,如图 3-52 所示。香山饭店占地面积超过 3 万平方米,建筑面积 3.5 万平方米。主庭院巧置有“曲水流觞”“洞天一色”“古木清风”等庭院十八景,另有“冰裂纹”大地毯、赵无极画、会见松、飞云石庭院四绝,如图 3-53 所示。饭店中心是面积为 780 平方米的玻璃顶大厅,仿北京四合院天井形式。

图 3-52

图 3-53

7. 苏州博物馆新馆

苏州博物馆新馆由贝聿铭先生在 85 岁高龄时所设计,这是他在中国设计的第一座博物馆,如图 3-54 所示。该博物管位于苏州历史文化街区的拙政园和忠王府西侧,建筑面积 1.9 万余平方米,总投资 3.39 亿元。新馆设计遵循“中而新、苏而新”的理念和“不高不大不突出”的原则,充分考虑了苏州古城的历史风貌,借鉴了苏州古典园林风格,使新馆建筑与古城风貌和传统的城市肌理相融合,成为苏州继承与创新、传统与现代完美融合的典范和标志性建筑,是贝聿铭大师留给家乡的传世之作,如图 3-55 所示。

“中而新、苏而新”是贝聿铭最早就确定并得到国内众多建筑大师赞同的设计理念,这一理念在新馆建筑上得到了充分体现。“苏”主要体现在与苏州古城风貌和人文内涵的融合;“新”主要体现在用材上。大师用他的智慧和独特的设计风格,使“新”充满了“苏味”,变成了创新的“苏”和创新的“中”。

图　3-54

图　3-56

图　3-55

图　3-57

贝聿铭酷爱三角几何造型。三角形作为新馆突出的造型元素和结构特征,表现在建筑的各个细节之中。新馆建筑群现代几何形坡顶体现了错落有致的江南斜坡屋顶建筑特色,与周边建筑能很好地融合,如图 3-56 所示。新馆保持了传统的粉墙黛瓦色调,而屋顶采用加工成菱形的"中国黑"花岗石片。黑中带灰的"中国黑",淋了雨是黑的,太阳一照变成深灰色。深灰色石材的屋面和墙体边饰与白墙相配,为粉墙黛瓦的江南建筑符号增加了新的诠释。新馆建筑构造则用开放式钢结构代替苏州传统建筑的木结构材料,带给建筑以简洁和明快。

贝聿铭借鉴了中国传统建筑中老虎天窗的做法,将天窗开在屋顶的中间部位,自然光线透过木贴面的金属遮光条交织的光影进入博物馆的活动区域。光线经过色调柔和的遮光条的调节和过滤所产生的层次变化,以及不同空间光线的明暗对比,仿佛能让周围的线条流动起来,令人感觉如诗如画,妙不可言。这位"光线魔术师"对形式和光线的敏感,使他设计的建筑作品自成一格,在创新与审美两方面尤其突出,如图 3-56 和图 3-57 所示。

"宋画斋"是新馆中唯一一处以传统手法营造的展厅。宋代木结构的古建筑现在留存已经不多,只能从古人留下的画和资料中去找,这也是"宋画斋"一名的由来。在新馆设计中,贝聿铭充分考虑了苏州的人文内涵,借鉴了苏州古典园林的风格。庭园中的竹和树姿态优美,线条柔和,在与建筑刚柔相济的对比中产生了和谐之美。紫藤园西南方的那棵紫藤树是贝聿铭亲自在光福苗圃园里选中的,还嫁接着从文徵明当年亲手种植的紫藤上修剪下来的枝蔓,以示延续苏州文化的血脉。

通过内庭院将内外空间串联,使自然融于建筑,这是贝聿铭建筑设计的一个特色。最让大师煞费苦心的是位于中央大厅北部的主庭院的设置,这座在古典园林元素上精心打造出的创意山水园,以壁为纸,以石为绘,高低错落排砌的片石假山,在朦胧的江南烟雨笼罩中营造出了水墨山水的意境,如图 3-58 所示。

图 3-58

贝聿铭不仅是杰出的建筑科学家,"用笔和尺"建造了许多华丽的宫殿,他还是极其理想化的建筑艺术家,善于把古代传统的建筑艺术和现代最新技术熔于一炉,从而创造出自己独特的风格。贝聿铭说:"建筑和艺术虽然有所不同,但实质上是一致的,我的目标是寻求二者的和谐统一。"

几十年来,贝聿铭在美国各地负责设计过许多博物馆、艺术馆、商业中心、摩天大厦、钟楼甚至摇滚音乐厅,也在加拿大、法国、澳洲、新加坡、伊朗等国家,以及北京、香港等中国城市设计过不少大型建筑。据粗略统计,半个世纪以来,贝聿铭设计的大型建筑在 100 项以上,获奖 50 次以上,他在美国设计的近 50 项大型建筑中就有 24 项获奖。

贝聿铭的作品没有华丽奇特的外表,他以构思严密、设计精心、手法精巧而著称于世。建筑界人士普遍认为贝聿铭的建筑设计有三个特色:一是建筑造型与所处环境自然融化;二是空间处理独具匠心;三是建筑材料考究和建筑内部设计精巧。他在设计中既引入了许多中华传统建筑的符号,又使用现代建筑的材料和结构。贝聿铭一生作品丰富,每每新作出世,总能获得众人的瞩目,被世人美誉为现代主义的泰斗,为华人在现代设计界争得一席之地。

3.8 路易斯·康

如图 3-59 所示,美国现代建筑师路易斯·康(Louis Kahn,1901—1974)1901 年生于大西洋上的爱沙尼亚岛,1905 年随全家迁往美国宾夕法尼亚州,1924 年毕业于费城宾夕法尼

亚大学。20 世纪 50 年代起,他执教于宾州大学和耶鲁大学的建筑学硕士研究班。他于 1971 年获得美国建筑师学会金质奖章,1971 年获选美国文艺学院院士,1972 年获英国皇家建筑师学会金质奖章。1974 年卒于从达卡返回美国的途中。

图 3-59

路易斯·康在校就读时,深受法国教师保罗·菲利普·克雷特(Paul Philippe Cret,1876—1954)的古典学院派影响。后来他曾崇拜密斯与柯布西埃,也钦佩过莱特,但他更相信自己。路易斯·康的建筑设计多以简洁、哲学化表达以及富有诗意而著称,同时也发展了建筑设计的现代性和纪念性品格。他的设计实践根植于现代主义建筑,并且为他那些诗句般的理论做了注解,而他的理论似乎又为他的实践点染上神秘性。路易斯的理念、思想与建筑影响了以后的建筑学人,他的追随者有不少是各国建筑设计和建筑教育界的中坚分子,现代建筑理论家、建筑师文丘里等人就曾是以路易斯·康为首的费城学派的主要成员。随着教条的"国际式"功能主义者的垮台,康的才华日益引起重视。以他为精神领袖的"费城学派"甚至可以向历史上的"芝加哥学派"挑战。他被认为是美国自莱特以来最杰出的建筑家之一。

路易斯·康从(1951 年)设计耶鲁大学美术馆开始崭露头角。耶鲁大学美术馆是美国最大的学校博物馆,如图 3-60 所示,1953 年开放。这是路易斯·康设计的第一座较有影响力的作品,也是他最主要的代表作之一。

费城宾州大学医学研究实验中心(Medical Research Laboratory)是费城学派的奠基之作,如图 3-61 所示。医学研究实验中心的任务书要求建造一所医学科研、实验的综合性建筑物。如果按照"国际式"的一般手法,往往会把该建筑物设计成一个"方盒子"。而路易斯在研究了任务书里

建筑物的各部分功能之后，巧妙地把工作室、实验室、动物研究室、管理处、办公室等分在四个塔里。路易斯创造性地提出了"主空间"和"辅空间"的概念。所谓"主空间"，指的是周围包括实验室和研究室的塔楼，"辅空间"则是中心服务塔楼。两个区域被竖塔明确地分开，通过连接的廊道，辅空间又可以很方便地为主空间服务。

图 3-60

图 3-61

路易斯·康设计的坎姆贝尔博物馆如图3-62所示，坐落在美国得克萨斯州的沃思堡。他于1966—1969年设计，1972年建成，是路易斯·康设计并亲眼看到建成的他的最后一个建筑作品。

图 3-62

路易斯的思想源于德国厌世哲学家阿图尔·叔本华（Arthur Schopenhauer，1788—1860），他认为存在的意志是至关重要的，是一切知识的推动力量，这就不可避免地使他一味求新，追求超脱，但建筑却是一个实实在在的物质产物。路易斯·康的设计作品重现了18—19世纪的某些风格，他以20世纪60年代的技术、材料、功能、精神为表现手段和目的；而在建筑艺术风格上，构图的基本元素是以简单几何形——正方形、矩形、圆形、规则三角形等为主，具有现代和古典共有的特征。他的作品体量雄浑、厚重，虽然不使用传统装饰符号，却能凭借钢筋混凝土、石材、砖、木材等材料的天然质感和人工肌理的展现，使他设计的建筑物有一种从总体到细部都十分统一的雄浑感。这是他开创的新潮流，这一潮流被称为新历史主义或新古典主义。

路易斯·康还是建筑设计中运用光影的开拓者,他同时还是一位成功的建筑教育家,1957年他出版了《建筑·寂静和光线》和《建筑是富于空间想象的创造》两本书,1974年他出版了《人与建筑的和谐》等书。

3.9 高迪

安东尼奥·高迪 (Antonio Gaudi,1852—1926) 是西班牙建筑大师。高迪设计的建筑及室内设计的作品怪诞、浪漫,其风格样式非同一般。高迪在早年受到中世纪浪漫主义的影响,他对自然界中的形式变化进行过研究,从而使他的设计受到潜移默化的影响,并成为高迪建筑设计的精神基础。

高迪早期的建筑属于哥特式复兴的主流,但又不同于纯粹的哥特式样。他在材料的使用上富有想象力,特别是对材料质感和色彩的安排,以及铁艺装饰方面,更具有别出心裁的个人风格。高迪独特的铁艺设计早在新艺术运动类似的探索之前就捷足先登了。从1880年后期到1926年高迪去世,他的整个晚期生涯一直是在坚持自己的设计方向,他的作品对于同时代的设计师,以及今日的设计师,都具有巨大的潜在影响。

高迪早期作品中的巴塞罗那的萨格拉达·法米利亚教堂 (如图 3-63 所示),设计造型特点不属于任何现成的历史风格,他是以极有个性、极强烈的感染力来表达自己的想象。建筑装修中他只完成了一部分,但在植物的自然流动的装饰和抽象的装修中浮现出一副极盛的梦境,尖塔顶端装饰着色彩明快的马赛克。

图 3-63

高迪设计的巴塞罗那古尔公园 (如图 3-64 所示) 完全是一首梦幻曲,是标新立异的力作,是风景和城市规划超现实主义的组合。花园里蜿蜒起伏的曲墙、座椅、洞穴、带柱的门廊以及连拱廊上,都覆盖着一层光灿灿的碎陶瓷片和彩色玻璃片镶嵌图案,这一切组合成一个庞大的混合体,反映着强烈的雕塑特征。他的建筑不是线条的组合,而是砖石砌体雕塑般扭曲的体块,他的铁艺构件也具有雕塑般的厚重感,从而超出了新艺术运动所惯有的典雅作风。

图 3-64

作为用建筑表达思想的哲学家,高迪对西班牙传统建筑进行了解构,他认为建筑就是雕塑,就是交响乐,就是绘画作诗。高迪的风格既不是纯粹的哥特式,也不是罗马式或混合式,而是融合了东方风格、现代主义、自然主义等诸多元素,是一种高度"高迪化"了的艺术建筑。他拒绝在建筑物上使用直线,他认为直线是人为的,曲线才是自然的。高迪最偏爱的几何形体是圆形、双曲面和螺旋面。摒弃了彻头彻尾的直线设计,高迪用不同于一般欧陆风格的建筑使巴塞罗那成为一座梦幻之城。领略着出自高迪之手的米拉之家、巴特略公寓、戈埃尔公园,以及他的未完成作品——巴塞罗那圣家族大教堂 (如图 3-65 所示),让人不能不联想到西班牙人敢想敢为、豪放大胆的民族特性。高迪为人们展示的是典型的地中海盆地艺术,他的原创精神正是他的"创作就是回归自然"名言的真实写照。

图 3-65

3.10　现代主义家具设计

现代风格起源于 1919 年成立的包豪斯学派。这种风格强调突破传统，创造新形式，注重产品的功能性，注意发挥结构本身的美，造型简洁，反对多余的装饰，崇尚合理的构成工艺，尊重材料的性能，讲究材料自身的质地和色彩配置的效果。

现代家具的设计特别注意突出家具的使用功能。家具的造型简洁大方，多以几何形式为主。在材料的选择上，金属、皮革、合成板等都是常用的材质。

3.10.1　现代家具的第一阶段

早期现代风格的家具设计大师出现于 19 世纪末 20 世纪初，包括布劳耶、柯布西耶、阿尔托等人，他们设计的现代风格的家具至今仍被小规模地生产和使用。

1. 现代家具设计的开路先锋——托奈特

米哈埃尔·托奈特（1796—1871）是奥地利人。19 世纪末的英国工业革命，由于新材料、新技术的出现，设计在变革与混乱中以惊人的速度向前发展。这个时期，设计界出现了一些对立的思想。一些人向往工业技术，力求摆脱传统家具的不适用，

主张用新技术生产新的产品，代表人物就是托奈特。托奈特以实干精神发明了蒸汽压膜成型技术，并在 1836 年利用此项技术制作了第一把椅子。1842 年他的弯曲层压膜板的新工艺获得专利。

托奈特设计的最为出名的椅子是 No.14 弯曲木椅，如图 3-66 所示。这是世界上第一个产量超过百万件的家具，采用了蒸汽弯曲层压板的技术，用料省，价格低，从而满足了大批量生产的需要。这种椅子的另一个优点就是构件易于拆装，使运输空间变小，因而便于运输。

图 3-66

2. 第一代现代家具设计的经典大师

第一代现代家具设计大师出现于两次世界大战之间的 20 年（20 世纪二三十年代）。第一次世界大战后，欧洲的整个社会风气与生活模式都发生了很大的变化，大家庭越来越少。此外，传统家具所需要的材料——木料的供应量也减少了，因此以往那种体量厚重、充满装饰的家具显得不再适用，人们需要体量较小、易于搬动、节约材料并且最好是多功能的新式家具。在这种背景下，思想超前、对社会需求敏感的第一代家具设计大师出现了，共有五位代表人物：里特维德（荷兰）、马歇·拉尤斯·布劳耶（匈牙利）、密斯·凡·德·罗（德国）、勒·柯布西耶（瑞士）、阿尔托（芬兰）。其中，里特维德的家具设计在设计手法与设计观念上对现代家具

设计起着启发性的作用,布劳耶、密斯、柯布西耶的设计考虑了工业化的生产与新材料的运用,而阿尔托的作品以人情味取胜。

(1)里特维德 (Gerrit Thomas Rietveld, 1888—1964) 是荷兰人,他设计出许多"革命性"的家具作品,从而在家具设计史中占据重要的位置。里特维德是家具设计史上第一件现代家具"红蓝椅"的设计者。此后,他还相继设计出柏林椅、Z形椅等一系列划时代的作品,这些作品对后世众多的设计师产生过深远而持久的影响。所以从某种意义上来讲,里特维德是一位设计导师。

"红蓝椅"是里特维德设计的一件里程碑式的作品,如图3-67所示。它设计于1917年,深受当时的艺术运动"风格派"的影响。荷兰"风格派"的特点是认为图形抽象的组合和构图才能表现宇宙间根本的和谐法则,因此对抽象与和谐的追求成为"风格派"的最终目标。受"风格派"代表人物蒙德里安的绘画作品《红、黄、蓝的构成》的影响,里特维德设计出"红蓝椅",这件作品几乎是绘画作品《红、黄、蓝的构成》的立体诠释。"红蓝椅"以机制木条和层压板组成,构件之间用螺丝紧固,而不采用传统的榫结构,椅子的色彩以及色彩之间的比例关系与绘画作品《红、黄、蓝的构成》接近,显示了二者之间的内在联系。该作品的革命性在于:以最简洁的形式与色彩打破了人们对椅子的固有概念;如同雕塑般的外形使日用品与现代艺术之间建立起内在的联系;简单的结构与标准化的部件是批量生产的前提条件。上述这些特点有别于旧有家具样式的特点,使该作品成为现代主义设计的形式宣言。

"柏林椅"(如图3-68所示)设计于1923年,是为柏林博览会的荷兰馆设计制作的,它由横竖相向的大小不同的八块木板不对称地拼合而成,可以说是对历史上所有椅子设计的彻底反叛。

⊕图 3-68

"Z形椅"是里特维德的又一惊人之作,如图3-69所示。设计于1932—1934年的Z形椅在家具的空间组织上采用了"斜线"的因素。该作品扫除了使用者双腿活动范围内的任何障碍,显得十分简洁。Z形椅开拓了现代家具设计的一个新方向,后代设计师在此设计理念的基础上进行了不断的创新。

⊕图 3-69

⊕图 3-67

（2）马歇·拉尤斯·布劳耶（Marcel Lajos Brever, 1902—1981）是匈牙利人。布劳耶是著名的现代设计学院——包豪斯的成员，1925年，年仅23岁的布劳耶就设计出家喻户晓的"瓦西里椅"。在学生时代，布劳耶设计的扶手椅明显受到里特维德家具的影响，但同时他对里特维德的设计进一步发展，以求更完善的功能，如有弹性的框架、曲线形的坐面及靠背，以及选择适当的面料等。

布劳耶的成名作"瓦西里椅"如图3-70所示，其设计灵感来自于自行车的把手，他首创钢管家具的先例。因该作品是为康定斯基·瓦西里的住宅而设计的，故起名为"瓦西里椅"。椅子的构架为镀镍钢管，坐面采用绷紧的织物。其方块的外形受到"立体派"的影响，交叉的平面构图受到"风格派"的影响。所用的材料可以标准化生产，所以可以拆卸互换。与"瓦西里椅"同时设计出的"拉西奥茶几"是布劳耶的另一件重要作品。1922年他设计的一件扶手椅（如图3-71所示）也是历史上最为简洁的家具之一。为了缓解钢管给人们带来的冷漠感，布劳耶在他的钢管家具中使用帆布、皮革、编藤、软木等手感较好的材质，提高了人们的视觉、触觉、心理上的舒适度，如图3-72和图3-73所示。

（3）密斯·凡·德·罗是德国人。密斯是一位杰出的建筑设计师，但他在家具设计领域也显示出杰出的设计才华。密斯最成功的一件家具就是"巴塞罗那椅"，如图3-74所示。

图 3-71

图 3-72

图 3-70

图 3-73

🌐 图 3-74

"巴塞罗那椅"是 1929 年为巴塞罗那世界博览会中德国馆所设计的家具。它们最初是为前来剪彩的西班牙国王与王后准备的。该椅采用不锈钢钢架构成了优美的交叉弧线,用小牛皮缝制坐垫,非常简洁、大方。整个家具采用手工制作,体量超大,表达出高贵而庄重的气质。"巴塞罗那椅"后来成为家具的经典之作,被许多博物馆收藏。

(4)勒·柯布西耶是瑞士人。柯布西耶是 20 世纪最多才多艺的大师之一,他集建筑师、规划师、家具设计师、现代派画家、雕塑家于一身。他毕生充满活力,对当代生活产生了重大影响。柯布西耶的家具都出现在他设计生涯的早期,反映了他受到"机器美学"的影响。

"柯布西耶躺椅"(如图 3-75 所示)是一件很休闲、很放松的家具,它有极大的可调节度,可以调节成适合垂足而坐、躺卧等各种姿势。它由上、下两部分组成,如果去掉下面的部分,可以当成摇椅使用。豪华舒适椅突出地体现了柯布西耶追求以人为本的倾向,以新材料、新结构来诠释法国古典沙发。简化与暴露的结构是现代设计的典型做法。几何立方体皮垫被嵌入钢管框架中,直截了当,而且便于清洁和换洗。

(5)阿尔托是芬兰人。20 世纪二三十年代新材料的运用开始流行起来,但是新材料一开始就显示出其根本的弱点,很难令人满意。比如钢材给人一种冷漠感,造型纯净单一,为设计的进一步发展设置了障碍。在这种情况下,北欧的家具正式亮相。北欧的家具设计师喜爱用木材,在设计时

不过分强调机器美学,而是重视手工艺技术。阿尔托是这一时期北欧学派的代表人物。阿尔托的设计非常重视人情味,他对木材的革新使人们对现代家具更具有信心。

🌐 图 3-75

阿尔托的第一件重要的家具为"帕米奥特椅",如图 3-76 所示,这是为帕米奥特疗养院特别制作的,其整体造型十分优美。使用的材料是阿尔托经过三年实验后创造的层压胶合板。这件家具既让人们感到"国际化",也可以使人产生温暖的感觉。"叠落圆凳"(如图 3-77 所示)是阿尔托的另一件重要设计作品。通过叠置,圆凳可以形成三重螺旋轨迹,从而构成一件雕塑艺术品。这件作品的尺度和比例都可以根据市场需要进行调整,也可以附加上靠背,但造型依然完整统一。

🌐 图 3-76

图 3-77

阿尔托为 20 世纪家具设计所做的另一份杰出贡献是用层压胶合板设计出悬挑椅,如图 3-78 所示。20 世纪是人类家具史上最为辉煌的一个世纪,所取得的成就超过了人类以往全部家具发展的总和,其中最为突出的特点就是设计与艺术思潮的相互融合,这使得家具设计更具文化性和艺术性。

图 3-78

3.10.2 现代家具的第二阶段

现代家具设计第二阶段的第二代现代家具设计大师主要活动于 20 世纪 30—50 年代。与第一代大师相比,他们基本上都是以家具设计和室内设计作为其主要职业领域,他们对于家具的理解和创作态度以及在对现代设计与生活之间关系的看法上与第一代设计大师有明显的不同。第一代设计师的家具作品更多的是超越日常使用功能之上的"宣言性"的设计,其艺术化特征、强调机器美学的热情使他们的产品不能被一般家庭购买,而只能被少数富人和艺术馆所收藏。

第二次世界大战后,在重建家园的过程中,第二代设计师开始关注生产与设计之间的关联,他们认为产品不应作为一种文化的奢侈品,而应该是现实生活中的一个实在的部分。"北欧学派"和"美国学派"是这一时期家具设计的主要力量。

第二代家具设计师的代表人物如下。

丹麦有雅克比松、瓦格纳、居尔、穆根森、库奇等;

美国有伊姆斯夫妇、小沙里宁、伯托埃、尼尔森等;

瑞典有马松。

3.10.3 欧美现代家具的设计背景及特点

1. 北欧现代家具

(1) 北欧现代家具产生的背景。北欧家具的现代化,倾注了各自传统的民族特点和传统风格,如瑞典家具(如图 3-79 所示)、丹麦家具(如图 3-80 所示)、挪威家具(如图 3-81 所示)和芬兰家具(如图 3-82 所示)。由于气候的原因,人们也更加注重家具在家庭生活中的人情味。他们的手

图 3-79

图 3-80

工技术较为成熟,钟爱天然的材料,如木材、藤、棉布和织物等,重视家具的科研工作,对家具材料、人体工程学等的研究非常深入。

（2）北欧现代家具的造型与装饰特点。注重功能性,强调实用性,以耐久性作为设计的出发点,渗透人性化的设计理念,造型简单、随意、自然、流畅,没有过多的装饰;注重舒适性,无论是家具整体还是细节都注意人体工程学的应用,强调工业化生产的作用,设计与生产衔接紧密;注重生活品质和形态的设计,使家具设计成为引领新的生活方式的重要途径。如图 3-83 ~ 图 3-85 所示为丹麦家具设计师雅克比松的设计作品。

图 3-81

图 3-83

图 3-82

图 3-84

第3章 欧美现代主义和有机主义

61

图　3-85

2．美国现代家具设计背景及其特点

　　数百年来，美国的设计领域一直是承袭欧洲流行的传统风格。但在第二次世界大战后，美国终于真正地站到世界设计的前沿。美国的设计受"包豪斯"的功能主义风格的影响，但是在功能理性主义的基础上讲求秩序和简洁。如20世纪50年代的家具以批量生产、简洁无装饰、多功能、组合化作为特点，适应战后相对较小的生活空间的限制。在美国最有代表性的设计师是埃罗·沙里宁和伊姆斯。如图3-86所示为埃罗·沙里宁最有名的作品子宫椅，如图3-87所示为伊姆斯设计的木质餐椅，如图3-88所示为减震餐椅，如图3-89所示为休闲椅和软凳。

图　3-87

图　3-88

图　3-86

图　3-89

思考题

　　现代室内设计的风格和流派是什么？

第4章　国外后现代主义、高技派和解构主义

4.1　后现代主义

后现代主义（装饰主义、隐喻主义、历史主义）是西方20世纪70年代兴起的一个设计运动流派，最早出现在建筑领域，形成于美国，很快波及欧洲及日本。经过30多年的发展，逐渐形成了自己的体系和理论基础，并由建筑领域扩散到其他的设计领域尤其是工业设计领域。后现代主义并没有严格的定义，其中包括了各种不同的甚至是截然相反的观念、流派、风格特征，似乎是一个大杂烩，但有一点可以肯定，即它们都是西方工业文明发展到后工业时代的必然产物，都是在对现代主义的批判和反思中产生的，是对现代主义的反叛或修正。

4.1.1　后现代主义的背景及特征

查尔斯·詹克斯在《后现代建筑语言》一书中，将后现代主义归纳为六方面的特征：历史主义、直接的复古主义、新民间风格、特定性＋都市规划专家＝有文理的、隐喻和玄学、后现代空间。另一位大师斯特恩在《后现代运动之后》一书中，将之归纳为文脉主义、隐喻主义和装饰主义三种特征。

后现代主义是对现代主义设计的挑战。后现代主义不像现代主义有着明确的指导性理论和风格。后现代主义本身是一个含混复杂、矛盾交错的文化现象，被赋予了多义性甚至歧义性。

1. 后现代主义的时代背景

20世纪六七十年代以来，随着大工业生产规模的不断发展，科技发展更加迅猛。人们不再满足于只有遮风避雨的居住环境，还要求与环境有更复杂的交流，尤其是生活环境的文化内涵所负载的信息成了人们关心的课题。消费文化开始进入新的阶段：不仅仅消费物质产品，还要将文化作为消费对象。

与建筑设计的后现代主义一样，后现代主义风格的室内设计出现于现代主义风格之后。主张以装饰上的夸张达到视觉上的丰富。后现代风格的代表人物有 P.约翰逊、R.文丘里、M.格雷夫斯等。

后现代设计运动中最著名的代表为意大利的孟菲斯集团，该集团成立于 1980 年 12 月，由著名设计师埃托·索特萨斯 (Ettore Sottsovss, 1917—2007) 和其他 7 名年轻的设计师组成。后来该集团的设计师队伍和影响逐渐扩大，美国、奥地利、西班牙、日本等国的设计师也陆续加盟，从而成为具有世界影响力的设计集团。孟菲斯既是美国田纳西州一个以摇滚乐而著称的城市，又是埃及的一个文化古城，用它来作为集团的名称，标志着索特萨斯将传统文化与现代流行艺术相结合的用意。该集团在否定和超越现代主义的运动中，无论是在文化上还是在设计的形态、材料、装饰、色彩等方面，都派生出了许多新的观念，极大地丰富了后现代设计运动。代表设计师索托萨斯为后现代设计运动的主角。如图 4-1 所示是索特萨斯于 1981 年设计的书架，色彩艳丽，造型奇特，渗透出一种显而易见的波普风格，受到第二次世界大战后成长起来的青年一代的喜爱，体现了孟菲斯集团开放的设计观。

2．后现代主义的造型与装饰特点

（1）突破现代派简明单一的局限，形式怪异、荒诞、夸张，并富有戏剧性。

（2）注重装饰，把装饰看作与结构同样重要的因素。

（3）出现了强调工业化特征的高技派，所有的结构部件完全裸露，采用如不锈钢、玻璃等现代材料。

（4）20 世纪 90 年代后期，个性家具和概念家具等相继出现，在造型上更加丰富、新颖、独特，在材料、工业和功能方面也有了巨大的突破。

美国建筑师查尔斯·摩尔设计的奥尔良市"意大利广场"（如图 4-2 所示）大胆抽取各种古典符号，并以象征的手法再现出来。广场以巴洛克式的圆形平面为构图，古罗马的古典柱式及凯旋门经过改头换面，以全新的面貌呈现，如科林斯柱式的不锈钢柱头、陶立克柱式上的汩汩流泉。圆券顶嵌着微笑的摩尔头像，水不断地从头像嘴里吐出，充满了欢快浓郁的商业气息，是后现代主义建筑的典型代表。

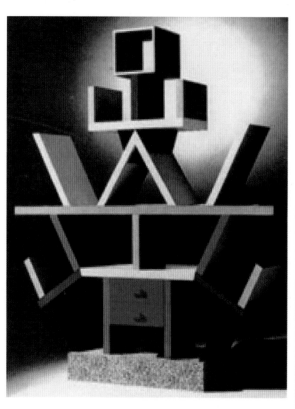

图 4-1

图 4-2

3. 后现代主义流派的室内设计特征

（1）反对现代主义"少就是多"的观点，使建筑设计和室内设计的造型特点趋向繁多和复杂，强调象征隐喻的形体特征和空间关系。

（2）设计时采用传统建筑和室内元件（构件），并通过新的手法加以组合或者混合、叠加，最终表现了设计语言的双重译码和含混的特点。

（3）在室内大胆运用图案装饰和色彩。

（4）在设计构图时往往采用夸张、变形、断裂、折射、错位、扭曲、矛盾共处等手法，构图变化的自由度大。

（5）室内设置的家具、陈设艺术品往往会突出其象征及隐喻的意义。

4.1.2 戏谑的后现代主义

戏谑的后现代主义又称为戏谑的古典主义或嘲讽的古典主义，也有人称为符号性古典主义或语义性古典主义，其内容包含了两方面：基本特征是使用部分古典主义建筑的形式或符号；表现的手法却都具有折中的、戏谑的、嘲讽的特点。

从设计的装饰动机来看，应该说这种风格与文艺复兴时期以来的人文主义有密切联系。与传统的人文主义风格的不同之处在于，嘲讽古典主义或者狭义后现代主义的建筑设计明确地通过设计来表现现代主义和装饰主义之间的明显的分离。而设计师除了冷嘲热讽地采用古典符号来传达某种人文主义的信息之外，对于现代主义及国际主义的风格基本是无能为力的，因而充满了愤世嫉俗的冷嘲热讽、调侃、游戏、玩笑色彩。这是后现代主义中影响最大的一种类型，主要的后现代主义大师都在这个类型范围内。

1. 代表人物

戏谑的后现代主义的代表人物有罗伯特·文丘里(Robert Venturi)、查尔斯·莫尔 (Charles Moore)、麦克·格雷夫斯 (Michael Graves)、菲利普·约翰逊、矶崎新、特利·法列尔 (Terry Farrell)、查尔斯·詹克斯 (Charles Jencks)、弗兰克·伊瑟列尔 (Frank Israel)、詹姆斯·斯特林 (James Stirling) 等。

2. 代表作品

戏谑的后现代主义的代表作品有美国新奥尔良

意大利广场、美国电话电报大楼、美国波特兰市的市政大楼、德国斯图加特艺术博物馆、日本筑波市政中心、德国斯图加特国立美术馆新馆。

（1）美国新奥尔良市意大利广场。这是美国后现代主义的代表人物之一——查尔斯·摩尔的代表作，也是后现代主义建筑设计的代表性作品之一，如图 4-3 所示。

🌐 图 4-3

美国新奥尔良市是意大利移民比较集中的城市。1973 年，美国的新奥尔良市决定花 165 万美元建一个广场，为的是对居住在该市的美籍意大利人表示尊敬。经过激烈的方案竞赛，最终选中了著名建筑师查尔斯·摩尔的喷泉广场方案。

（2）美国电话电报大楼。美国电话电报大楼是 1984 年落成的，建筑师为约翰逊。该建筑坐落在纽约市曼哈顿区繁华的麦迪逊大道。约翰逊把这座高层大楼的外表做成石头建筑的模样。楼的底部有高大的贴石柱廊；正中一个圆拱门高 33 米；楼的顶部做成有圆形凹口的山墙，有人形容这个屋顶从远处看去像是老式木座钟，如图 4-4 所示。约翰逊解释他是有意继承 19 世纪末和 20 世纪初纽约老式摩天楼的样式。约翰逊同密斯·凡·德·罗一样，也是美国现代主义建筑的倡导者之一，但在这座大厦上却明显地套用欧洲文艺复兴建筑的某些样式，使这座 20 世纪 80 年代的商业大厦重新具有古典的装束，仿佛恢复了 19 世纪末的建筑时尚。这个转变说明约翰逊加入到后现代主义建筑行列之中。但约翰逊对待和运用古典建筑样式的态度是比较认真和严肃的,与许多后现代主义建筑师运用的传统建筑形象做法是不同的。

图　4-4

（3）美国波特兰市的市政大楼。美国波特兰市的市政大楼是美国后现代主义建筑最具有代表性的作品之一。这是一次设计竞赛的中标方案,设计者名叫格雷夫斯。大楼建成后在社会上引起了激烈的反响,斥责与褒奖之声此起彼伏。有人严厉斥责它是"时髦的超现实主义",如果别的建筑师跟着格雷夫斯走,其后果将是"危险"的。1984年,在新奥尔良举办的美国建筑师年会上,甚至有人别着反对波特兰市政厅的徽章,一枚是在印有波特兰市政厅的徽章上打一个带有红色斜杠的交通禁行符号,另一徽章上写着"我们不掘坟墓"的英文,在英文中格雷夫斯的名字恰好与坟墓的写法一样。这句话有一种双关语的意味:一方面表示设计师们不是十分反对格雷夫斯,另一方面则表示不赞成掘墓式地模仿古典主义的建筑形式。欣赏格雷夫斯的人说波特兰市政厅是属于波特兰的,是理智与精神在这

个城市的胜利。还有人说这幢建筑代表了一种文化信念,如果住进这幢房子里,就再没人想住现代办公楼了。其实市政大楼所表现的思想较丰富,它也许有些花哨,令人眩晕,但却真正具有量感、气势、高贵、热情等种种魅力;它不是一种简单的构造装饰,而是有古典根源和深刻寓意的。

美国波特兰市的市政大楼如图4-5所示,于1982年落成。它是美国第一座后现代主义的大型官方建筑,高15层,外观呈方墩形,下部明显地表现为基座形式,基座外表以灰绿色的陶瓷面砖和粗壮的柱列构成,上部主体为奶黄色,立面中隐喻的壁柱、拱心石等反映了美国后现代主义的精神和情趣。外部有大面积的抹灰墙面,上面有许多小方窗。每个立面都有一些古怪的装饰物,排列整齐的小方窗之间又夹着异形的大玻璃墙面。屋顶还有一些比例很不协调的小房子。有人说它是以古典建筑的隐喻去代替那种没头没脑的玻璃盒子。

图　4-5

建筑的底部是3层厚实的基座,其上是12层高的主体,大面积的墙面是象牙白的色泽,上面开

着深蓝色的方窗。正立面中央 11 ~ 14 层是一个
巨大的楔形,仿佛放大尺度的古典建筑的锁心石,
或者也可以想象成一个大斗。大斗的中央是一个
抽象、简化了的希腊神庙。大斗之下是镶着蓝色镜
面玻璃的巨大墙面,玻璃上的棕红色竖条纹形成某
种超常尺度的柱子的意象。柱子之上,正面是一对
突出于建筑表面的 1 层楼高的装饰构件,样子像风
斗,而在两侧的柱头之上则是一横条亮丽的深蓝色
装饰,好像包装礼品的花带子或者表示密封图章的
飘带。这座市政府新楼改变了公共建筑领域近半个
世纪流行现代主义建筑风貌的趋势,成为后现代主
义建筑的第一批里程碑式中的一个。

（4）德国斯图加特艺术博物馆。德国斯图加
特艺术博物馆 (Kunstmuseum Stuttgart) 是
一座价值连城的城市艺术博物馆,设在一幢占地约
5000 平方米、以立方体形状建造的玻璃大楼里。
其设计者 J．斯特林为英国杰出的后现代主义设计
大师。该建筑采用现代主义与古典风格结合的方
式,并加以嘲讽式的处理,严肃中充满了戏谑和调
侃的味道。现代主义、波谱风格和古典主义被混用
在一起,造成古怪的效果,戏谑、冷嘲热讽的手段处
处可见。

博物馆展出的重点是施瓦本印象派画家阿道
夫·霍尔茨尔 (Adolf Hlzel) 及其好友的作品,
以及这一地区的当代艺术作品;最突出的是德国
画家和版画家奥托·迪克斯 (Otto Dix) 的作品,
这里是世界上收藏他的作品最多的地方。白天,客
人可以沿着玻璃游廊享受城市和周围小山的美丽
景致。晚上,整个建筑俨然一座迷人的灯光雕塑屹
立在王宫广场上,如图 4-6 所示。博物馆内的商店、
书店、酒吧和餐厅以及诸多的多功能厅,使得这里
不仅对艺术爱好者充满诱惑力,即使是路人或者
造访斯图加特的客人也都会驻足良久。这个玻璃
立方体建筑的确能让人眼前一亮。白天由于阳光充
足,整幢建筑的里里外外被照得通透发亮;到了晚
上,这里就像一颗发光的夜明珠,从远处看就像一
个发光的立体玻璃盒子飘浮在夜空中。艺术博物馆
主要收藏的是当代艺术作品,分为固定展览和临时
性展览。博物馆负一至四层都是展览区,室内展区
如图 4-7 ~ 图 4-9 所示,而位于顶楼的天幕餐厅
还可以使就餐者饱览整个广场的景色。

图 4-6

图 4-7

图 4-8

（5）日本筑波市政中心。筑波科学城位于东
京城东北方向 60 千米处,是一个新的城市开发区,
拥有大学、科学中心、服务设施和住宅区。日本筑波
市政中心建于 1963—1980 年,深受现代主义城市
规划思想的影响,比如按使用功能分区,有独立布

图 4-9

起平台，一片下沉的椭圆形区域，以及一个很富戏剧性的过渡区域。其中还包括台阶、坡道和喷泉。广场下沉部分的设计是借鉴了罗马坎皮多利奥广场，与后者形成对比的是，筑波广场是用黑色石带勾勒浅色地面，而且中央有一个喷泉，如图 4-10 ~ 图 4-12 所示。

图 4-10

局的建筑物，车行道路和人行道分置等。1979 年的建筑竞赛获胜者矶崎新被委托设计一个新的城市中心，这个城市中心的两座相互垂直的建筑中有一家旅馆、一个音乐厅、几家商店和饭店，而且在城市广场的北边和西边形成了一道墙。

该城市中心包括信息中心、市民会馆、旅馆、音乐厅、购物中心等，中央椭圆形下沉式广场，广场一角有人工瀑布。在这座建筑中，建筑师成功地驾驭了历史和现代建筑中的多种元素。

筑波中心广场是筑波科学城一个有机的组成部分。科学城位于东京以外的一个新城市开发区，这个城区的城市空间与建筑是一个统一的综合体。这个中心广场的设计方案包括了大量对于城市理念和城市建筑的解释和说明，例如，它借鉴了罗马的坎皮多利奥广场，但是采用了更具特色的设计和色彩对比。这个广场是以一种诗意的形式在一个"非城市"中存在的"非广场"。

筑波中心广场的城市空间由三个要素组成：一块由白色面砖方格中填充的红色陶石块铺成的高

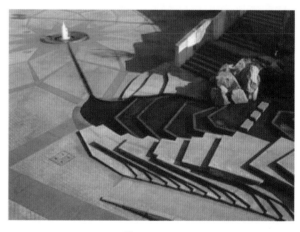

图 4-11

图 4-12

（6）德国斯图加特国立美术馆新馆。德国斯图加特国立美术馆新馆坐落于1838年建成的老美术馆的旁边（如图4-13所示），1983年建成后曾轰动一时。新馆包括美术陈列室、图书馆、音乐楼、剧院等文化艺术用房及服务设施，平面布局及建筑形体复杂多样。新馆由英国的后现代主义建筑大师詹姆斯·斯特林设计。斯特林在1981年获得号称建筑界的最高荣誉——普利策奖。斯图加特国立美术新馆是他建筑生涯中最重要的作品之一。这个建筑和以往的博物馆建筑大不一样。

🌐 图 4-13

一般来说，博物馆类建筑或多或少都会带有一些较为严肃的纪念意义。为了使建筑带有纪念性，习惯上建筑师都会使用大尺度、轴线、中心对称这类常见的手法，但斯特林并不想把这个美术馆做得太具有纪念性，以取悦德国的当权者，反而运用了一种更为大众化和诙谐的方式去表达自己对美术馆建筑的理解。虽然在整体上他仍然大面积地使用了和相邻传统建筑相同的外墙，以谋求和周边环境的协调。但涂上鲜艳颜色的换气管，带有构成主义痕迹和高技派特色的入口雨篷，柯布西埃惯用的粗野主义的混凝土排水口（如图4-14所示），粗大的

管状扶手等细部，以及门厅轻巧明快的曲面玻璃幕墙，都抵消了墙体的巨大压力。进入室内是以绿色为主色调的门厅，这里的设计很人性化，在门厅旁边设置了弧形的条形座椅，游客也很喜欢坐在上面闲聊。和惯用的传统正规的光滑石材不同，斯特林在这里使用了原色的绿色橡胶地面，如图4-15所示。以明快和鲜艳的色彩为主导的室内设计，让人

🌐 图 4-14

🌐 图 4-15

觉得逛美术馆不再是一件严肃的事情，反而有一种类似商场购物的轻松心情。根据他本人的解释，这是在提醒人们，新的美术馆已经成为一个大众娱乐的场所，除了艺术性和展览效果，还有该场馆商业性的一面。

从风格上来说，斯特林把象征古典主义而且比例优美的罗马柱变成了又矮又胖的柱墩，似乎对传统的嘲弄更甚于对传统的尊重。

4.1.3 复兴传统的后现代主义

新古典主义（历史主义派）是复兴传统的后现代主义。

新古典主义是致力于在设计中运用传统美学法则来使现代材料与结构的建筑造型和室内造型产生出规整、端庄、典雅、高贵的一种设计潮流，反映了进入后工业化时代的现代人的怀旧情绪和传统情绪，提出了"不能不知道历史"的口号，号召设计师们要"到历史中去寻找灵感"。

1. 新古典主义的设计特征

新古典主义的设计特征可以归纳为以下几方面。

● 讲究风格，在造型设计方面不是仿古，也不是复古，而是追求神似。

● 用现代材料和加工技术追求传统样式的大的轮廓特点。

● 对历史样式应用简化的手法。

● 注重装饰效果，用室内陈设艺术品来增强历史文脉特色，往往会去照搬古代设施、家具及陈设艺术品来烘托室内环境气氛。

● 白色、金色、黄色、暗红色是欧式风格中常见的主色调，使色彩看起来十分明亮。

"形散神聚"是新古典的主要特点，即在注重装饰效果的同时，用现代的手法和材质还原古典特色。新古典主义具备了古典与现代的双重审美效果，双重审美效果的完美结合，也让人们在享受物质文明的同时得到了精神上的慰藉。

新古典主义是西方建筑艺术现代变革的产物。它是对18世纪纤巧、细腻、浮华的洛可可艺术风格的反叛，旨在用古罗马文化振兴当代艺术，推崇高尚质朴的思想和为国献身的英雄主义精神。比照罗马建筑的经典元素，新古典主义在檐口、栅花、线条等方面可以说都是世界建筑精华的集大成者，因为集成的是古典主义及文艺复兴时期的精华。建筑在根本上颂扬的是人本身的美，在建筑比例上严格按照人体的黄金比例。这也是新古典主义至今仍在世界领域被广为采用并且不断发展演变的原因。

新古典主义建筑大体可以分为两种类型：一种是抽象的古典主义，另一种是具象的或折中的古典主义；前者以菲利普·约翰逊、格雷夫斯和雅马萨基的作品为代表，后者以摩尔和里卡多·波菲尔的作品为代表。

抽象的古典主义以简化的方法或者写意的方法，把抽象出来的古典建筑元素或符号巧妙地融入建筑中，使古典的雅致和现代的简洁得到完美的体现。

具象的古典主义与抽象古典主义的写意性不同，它具有工笔画的特点，比抽象古典主义更细致、更精美、更富丽、更庄重、更富有历史感。虽然相对于抽象古典主义来说，具象古典主义更尊重它所模仿或隐喻的古典原型，但它们在采用古典细部时一般都比较随意，而且可以在一幢建筑中引用多种历史风格。所以，同样的具象古典主义，斯特恩多采用夸张与扭曲式，摩尔与波菲尔则采用细致、隆重的纪念式。

新古典主义的设计风格其实就是经过改良的古典主义风格，因为保留了材质、色彩的大致风格，所以仍然可以很强烈地感受到传统的历史痕迹与浑厚的文化底蕴，同时又摒弃了过于复杂的机理和装饰，简化了线条。新古典主义的灯具则将古典的繁杂雕饰经过简化，并与现代的材质相结合，呈现出古典而简约的新风貌，是一种多元化的思考方式，将怀古的浪漫情怀与现代人对生活的需求相结合，兼容华贵典雅与时尚现代，反映出后工业时代个性化的美学观念和文化品位。

2. 典型的新古典主义式建筑代表

（1）艾斯特剧院。艾斯特剧院（如图4-16所示）是捷克布拉格市的第一座新古典主义式建筑，正面三角形的山墙及两对圆柱流露出古希腊的建筑风格。1783年，剧院因莫扎特首度来访而轰动一时，因此到现在布拉格市仍有许多莫扎特创作的歌剧、木偶剧、黑光剧、传统戏剧在上演。

图 4-16

（2）柏林的永恒象征——勃兰登堡门。勃兰登堡门（德语：Brandenburger Tor）（如图 4-17 所示）是位于德国首都柏林的新古典主义风格建筑，由普鲁士国王腓特烈·威廉二世下令于 1788—1791 年间建造，以纪念普鲁士七年战争取得的胜利。勃兰登堡门是柏林的象征，也是德国国家的标志，它见证了柏林、德国、欧洲乃至世界的许多重要历史事件。

图 4-17

勃兰登堡门高 26 米、宽 65.5 米、深 11 米，是一座新古典主义风格的砂岩建筑，以雅典卫城的城门作为蓝本。设计者是普鲁士建筑师朗汉斯。勃兰登堡门由 12 根 15 米高、底部直径为 1.75 米的多立克柱式立柱支撑着平顶，东西两侧各有 6 根，依照爱奥尼柱式雕刻，前后立柱之间有墙，将门楼分隔成 5 个大门。正中间的通道略宽，是为皇家成员通行设计的。大门内侧墙面用浮雕刻画了罗马神话中最伟大的英雄海格力斯、战神玛尔斯，以及智慧女神、艺术家和手工艺人的保护神米诺娃。

勃兰登堡门门顶中央最高处是一尊高约 5 米的胜利女神（希腊神话中的尼刻，罗马神话中的维多利亚）铜制雕塑。女神张开身后的翅膀，驾着一辆四马两轮战车面向东侧的柏林城内，右手持有带着橡树花环的权杖，花环内有一枚铁十字勋章，花环上站着一只展翅的鹰鹫，鹰鹫戴着普鲁士的皇冠，如图 4-18 所示。雕塑象征着战争胜利，是普鲁士雕塑家沙多夫的作品。勃兰登堡门的庄严肃穆、巍峨壮丽充分显示了处于鼎盛时期的普鲁士王国国都的威严。

图 4-18

（3）圣彼得堡海军部大厦。由于沙皇想把圣彼得堡作为海军的大本营，于是俄罗斯新古典主义建筑的典范——安德里安·扎哈罗夫设计的海军部大厦（1823 年）被建在城市的中心。海军部大厦长约 400 米，全楼横向划分为三个区域，每个区域又做三端划分。该大厦居高临下俯视着彼得大帝的船坞，其尖顶上的护卫舰形状的风标已成为这座城市的标志。

海军部大厦是圣彼得堡一流建筑之一，如图 4-19 所示。它曾经作为俄罗斯波罗的海舰队的船坞被设计，同时也是占据涅瓦河三角洲的一个重要堡垒。今天的海军部大厦是由亚丁·萨哈洛夫主持建造的，他保留了该建筑的原有计划，但是同时引入了成排的白色立柱和大量的浮雕和雕塑元素，如图 4-20 和图 4-21 所示，使其成为俄罗斯风格建筑的一个典型案例。

🏫 图 4-21

3. 上海外滩的新古典主义建筑

（1）上海汇丰银行大楼。英国汇丰银行（如图4-22所示）设计者为公和洋行（现为中国香港巴马丹拿事务所）。汇丰银行于1864年创设于中国香港，1865年在上海设分行。1874年于外滩现址建房，原楼有3层，砖木结构，1888年曾局部改建，是一座局部带有巴洛克式的文艺复兴式的建筑。1921年拆除旧屋建新楼，即现有大楼。大楼主体为钢筋混凝土结构，地上5层，另有地下室一层。楼顶中部高出2层，冠以钢结构穹顶。大楼平面近方形。正门入口内，相当穹顶的位置处有一圆形进厅。近年在重新装修时，在大厅天顶内发现了被掩盖的非常精美的壁画。进厅内即为营业大厅。大楼西南部位面向福州路原有一营业厅。大楼外立面的建设使用了严谨的新古典主义手法。

全楼横向划分为五段，中部有贯穿2～4层的仿古罗马克林斯式双柱，竖向划分也按古罗马柱式比例。顶部穹顶使人联想起古罗马的万神庙。外墙面用石块砌成，大楼入口处有铜狮一对。营业厅内有拱形玻璃天棚和整根意大利大理石雕琢的爱奥尼式柱廊。大楼建成时，曾被英国人誉为"从苏伊士运河到白令海峡的一座最讲究的建筑"。该建筑于20世纪50年代后至1995年为上海市人民政府办公楼，现为浦东发展银行。

🏫 图 4-19

🏫 图 4-20

图 4-22

（2）上海外贸大楼。上海外贸大楼（如图 4-23 所示）原名怡和洋行，位于中山东一路 27 号，建于 1920—1922 年，由思九生洋行设计，为典型的新古典主义建筑形式。

图 4-23

（3）有利大楼。有利大楼位于中山东一路 4 号，现为新加坡佳通私人投资有限公司。它原名联合大楼，原为美国有利银行所有，故称有利银行大楼，如图 4-24 所示。大楼于 1916 年建成，设计者是公和洋行。其为新古典主义作品，楼顶有巴洛克式塔楼。楼高 7 层，整体仿效文艺复兴建筑风格。窗框多采用巴洛克艺术富有旋转变化的图案，大门有爱奥尼克立柱装饰，高大的落地专窗既有利于采光，又增添了楼宇的气势。整幢建筑是以门为中心的轴对称结构，故而给人以平和的感受。

图 4-24

（4）东风饭店。东风饭店（如图 4-25 所示）原为英国总会，位于中山东一路 3 号，建于 1912 年，设计者为塔蓝特、毛利斯，室内设计为日本异端建筑师下田菊太郎。东风饭店为巴洛克式新古典主义作品，内设双柱廊，有气派的大厅，为上海交际家的活动舞台。

图 4-25

（5）海关大楼。海关大楼（如图 4-26 所示）位于中山东一路 13 号，建于 1925—1927 年，设计者为公和洋行。其作为新古典主义作品,采用中心轴线,左右对称、层层叠叠的塔楼向上突出,四面安置大钟,以钟声优美而名扬上海。门廊柱为典型的希腊陶利克柱式。采用的壁炉、水晶宫灯、罗马古柱亦是新古典风格的点睛之笔。

图 4-26

4.1.4 后现代之后的其他倾向

1. 自然风格

自然风格倡导回归自然,美学上推崇自然、结合自然,这样才能在当今高科技、高节奏的社会生活中使人们取得生理和心理的平衡。室内多用木料、织物、石材等天然材料,可显示材料的纹理,清新淡雅。此外,由于其宗旨和手法的类似,也可把田园风格归入自然风格一类。田园风格在室内环境中力求表现悠闲、舒畅、自然的田园生活情趣,也常运用天然木、石、藤、竹等材质质朴的纹理。巧于设置室内绿化及创造自然、简朴、高雅的氛围。此外,室内采用的木板和清水砖砌墙壁、传统地方门窗造型

及坡屋顶等装饰风格被称为"乡土风格"或"地方风格",也称"灰色派",如图4-27～图4-30所示。

图 4-27

图 4-28

2. 混合型风格

近年来,建筑设计和室内设计在总体上呈现多元化、兼容并蓄的状况,室内布置既趋于现代实用,又吸取传统的特征。在装潢与陈设中融古今及中西文化于一体。例如,传统的屏风、摆设和茶几,配以现代风格的墙面及门窗装修、新型的沙发;欧式古典的琉璃灯具和壁面装饰,配以东方传统的家具和埃及的陈设、小品等。混合型风格虽然在设计中不拘一格,运用多种体例,但设计时仍然需要匠心独具,深入推敲形体、色彩、材质等方面的总体构图和视觉效果,如图4-31～图4-33所示。

图 4-29

图 4-30

图 4-31

图 4-32

图 4-33

4.2 高技派

高技派是活跃在 20 世纪 50 年代末至 70 年代的一个设计流派。在许多人强调建筑的共生性、人情味和乡土化的今天，高技派的设计作品在表现时代情感方面也在不断地探索新形式、新手法，所以高技派仍显示出锐气不减、活力不衰的发展势头。

高技派反对传统的审美观，强调设计作为信息的媒介和设计的交际功能。它在建筑设计、室内设计中坚持采用新技术；在美学上极力鼓吹表现新技术的做法，包括了第二次世界大战后"现代主义建筑"在设计方法中所有"重理"的方面，以及讲求技术精美和"粗野主义"倾向。

1. 高技派的设计特征

（1）内部构造外翻，显示内部构造和管道线路。无论是内立面还是外立面，都把本应隐匿起来的服务设计、结构特征显露出来，强调工业技术特征，如图 4-34 所示。

图 4-34

（2）表现过程和程序。高技派不仅显示构造组合和节点，而且表现机械运行效果。如将电梯、自动扶手的传送装置处都做透明的处理，让人们看到建筑设备的机械运行状况和传送装置的程序。

（3）强调透明和半透明的空间效果。高技派的室内设计喜欢强调采用透明的玻璃及半透明的金属网、格子等来分隔空间，形成室内层层相叠的效果。

（4）高技派不断探索各种新型高质材料和空间结构，着重表现建筑框架、构件的轻巧。常常使用高强度钢材和硬质铝材、塑料以及各种化学制品作为建筑的结构材料，建成体量轻、用材量少，能够快速并灵活地装配、拆卸与改建的建筑结构。

（5）室内的局部或管道常常涂上红、绿、黄、蓝等鲜艳的原色，以丰富空间效果，增强室内的现代感。

（6）高技派的设计方法强调系统设计和参数设计。

高技派与建筑的重技派相同，着力反映工业成就，其表现手法多种多样，强调对人有悦目效果，反映当时最新工业技术的"机械美"，宣传未来主义。但是，高技派只是用技术的形象来表现技术，它的许多结构和构造并不一定很科学，往往由于过分地表现，反而使人们感到矫揉造作。巴黎的蓬皮杜国家艺术与文化中心是高技派的典型代表作品。香港汇丰银行的室内设计是一个纯机械化的内部空间，暴露了所有的内部结构，如可以看到自动扶梯内部机械装置的转动。层层楼板也都是透明的，香港的一些群众称之为"看得见肚肠的建筑。"高技派设计师声称，所有现代工程 50% 以上的费用都应由供电、电话、管道和空气质量服务系统产生，若加上基本结构和机械运输（电梯、自动扶手和活动人行道），技术可以被看作所有建筑和室内的支配部分，导致了高技派设计的特殊质量。

2. 高技派代表作

（1）中国香港汇丰银行大厦（如图 4-35 所示）。大厦位于皇后像广场前端，这是香港最引人注目的地段之一，占有中环商业办公区唯一的开放空间，距水边 400 米，背后是花岗岩构成的陡峭山坡连接太平山顶。该建筑采用钢柱结构悬挂体系，分为三段。钢柱由两层高的衔架连接于建筑的 5 个点上，而楼层则从衔架上开始悬挂，由底部的 8 层减至顶部 4 层，每段上升至不同高度，即 28 层、35 层及 41 层。交错的楼层高度使室内空间具有多种宽度及高度，还有花园式平台及生动活泼的东西立面。

图 4-35

在方案论证时探讨了公共与私有空间之间的关系。银行大厦有公共底层、内部顶层及构成半公共和半私有空间的中段，如图4-36所示。在街道层面上，该建筑底层为12米高的步行大厅，完全作为公共空间，一对自动扶梯由此可直达主要营业大厅（半公共）及10层高的中庭。银行大厦主体沿西立面玻璃电梯井布置了三组调整电梯，来访者由类似低层建筑内的自动扶梯在每两层都可停留。该建筑顶层仅一个跨度进深，是银行高级职员办公室构成的半私有领域。

银行生动的外观将钢结构及透明的面板结合在一起，以表现内部空间的丰富、多样。1985年投入使用10年后，该建筑的灵活性由于需要增加一新的交易厅而得到证实。在传统办公楼内通常不可能增加如此大且具有完善设施的建筑体量，而汇丰银行却能以最小的代价与最短的时间（不足6周），在其总部大厦内插入了新的交易大厅，如图4-37所示。

汇丰银行大厦是诺曼·福斯特在香港的第一件设计作品。大厦外形像一个大机器人，全开放式的透视设计显示出它所处的高科技时代。整个建筑物共耗资10亿美元，堪称世界最昂贵的大楼之一；采用铜量达3万吨，亦属全球罕见。

图 4-36

图 4-37

大厦由玻璃基合金制成,有点像巴黎的蓬皮杜中心,人们能从外面看见内部的电梯与工作人员。从大楼外部往上看,它像一座蚂蚁山,工作人员与各种机器来来往往。

(2) 蓬皮杜中心 (Centre Georges Pompidou)。它的全名为蓬皮杜国家艺术和文化中心 (Le Centre National D'art Et De Culture Georges-Pompidou),是坐落于法国首都巴黎波布中心的现代艺术博物馆,是最著名和最容易接近的高技派工程,如图4-38和图4-39所示。它兴建于1971—1977年,于1977年1月开馆。它是建于巴黎市内的一座国家级的文化建筑,是意大利人伦佐·皮亚诺和英国人理查德·罗杰斯的班子合作设计的。

大厦南北长168米、宽60米、高42米,分为6层。大厦的支架由两排间距为48米的钢管柱构成,楼板可上下移动,楼梯及所有设备完全暴露。东立面的管道和西立面的走廊均被有机玻璃圆形长罩覆盖。大厦内部设有现代艺术博物馆、图书馆和工业设计中心。大厦南面小广场的地下有音乐和声学研究所。大厦打破了文化建筑所应有的设计常规,突出强调现代科学技术同文化艺术的密切关系,是现代建筑中重技派的典型代表。

图 4-39

这座巨大的多层建筑在外部暴露并展示了其结构、机械系统和垂直交通（自动梯）,西边暗示了正在施工的建筑脚手架,而东边暗示了炼油厂或化工厂的管道。内部空间同样显示了设备管道、照明设备和通风管道系统,而这些设备管道在过去都被习惯性地隐藏在结构之中。当地人常将其简称为"博堡"。大厦的外部钢架林立、管道纵横,并且根据不同功能分别漆上红、黄、蓝、绿、白等颜色。因这座现代化的建筑外观极像一座工厂,故又有"炼油厂"和"文化工厂"之称。

这些外露复杂的管线的颜色是有规则的。空调管路是蓝色,水管是绿色,电力管路是黄色,而自动扶梯是红色。整座建筑占地7500平方米,建筑面积共10万平方米,地上6层。整座建筑共分为工业创造中心、大众知识图书馆、现代艺术馆以及音乐音响谐调与研究中心四大部分。尽管有些争议,但开馆二十多年来已吸引超过一亿五千万人次入馆参观。这种建筑风格被称为"高技派"风格。

图 4-38

（3）剑桥大学历史系大楼。詹姆斯·斯特林被认为也是高技派倾向的英国设计师,剑桥大学历史系大楼是他的作品,如图 4-40 所示。该楼大部分面积用作图书馆,里面有一个回廊式中庭,顶部设玻璃天窗。这里机械的结构表现再次衬托了巨大感人的室内空间特征。这幢主要用作图书馆的建筑有几层能俯瞰开敞的中庭,外墙用玻璃围合,突出的封闭窗能让人向下看到展厅空间。

🌐 图　4-40

（4）塞恩斯伯里视觉艺术中心。英国设计师诺曼·福斯特设计了该艺术中心,如图 4-41 所示。这个艺术中心包括两个大餐厅,一个保存鉴定室,一所高级艺术学校及其大学科系俱乐部,一座可容纳 300 人的对外餐厅,以及带有工作间与库房的地下室。

🌐 图　4-41

这一建筑设计要求将所有的使用功能置于同一结构之中,以便使相关人士在艺术作品的研究、应用和社会公众参观焦点作品等多方面实现最大限度的相互交流与影响。完成后的建筑还可以用作大型的特殊展览场地,与大学的其他建筑部分一起形成一个国际会议中心。

大型空间和组合板结构体系使外墙和屋面的任何部分都能在很短的时间内转换成各种组合,以适应不同使用要求,如图 4-42 所示。所有的设备管线及厕所都放置在水平和竖向的结构构架之中,使得人工照明和设备维护都可自如地在空间中发挥作用。内墙和顶棚全部采用和谐一致的可调铝质百叶结构,并通过安装在内外墙的光传感器形成一个高灵敏度可控的采光系统。高 7.3 米的玻璃墙用透明的硅胶固定,下部结构与基础则是预应力钢筋混凝土结构。整座建筑从空间布局到设备及结构体系的安排都具有极大的灵活性,可以从容适应于各种空间布置要求。

🌐 图　4-42

（5）阿拉伯世界文化中心（Arab World Institute）。1980 年,由法国总统密特朗提议,在巴黎塞纳河左岸建造该中心,如图 4-43 所示。它跨越阿拉伯文化与西方文化的藩篱,使西方大众认知,感受这一悠久文明的价值。主题本身已构成了对于建筑空间设计的挑战,无论是当时流行的国际主义风格的玻璃幕墙大厦或完全回归传统的一座清真寺,显然都不合主旨。青年时代便坚定了"文脉主义"的让·努维尔在 1981 年阿拉伯世界文化中心的建筑设计竞赛中脱颖而出,他的设计方案否定了后现代主义生硬的拼贴,也不是当时流行的国际主义风格,而是将阿拉伯文化符号巧妙地融入建筑意境中,在建筑的外部和内部形成了深具文化感染力的空间氛围。

图 4-43

图 4-45

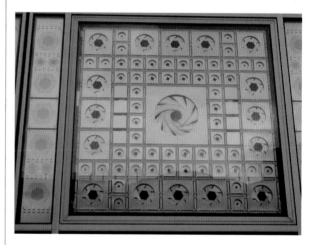

图 4-46

让·努维尔将阿拉伯世界文化中心设计成一个精密的科学产品。建筑的南立面整齐地排列了近百个光圈般构造的窗格，灰蓝色的玻璃窗格之后是整齐划一的金属构件，具有强烈的图案表现性和科学幻想效果，如图 4-44 所示。让·努维尔说："建筑设计灵感源自于阿拉伯文化，是对一种精巧、神秘、蕴含宗教氛围的东方文化的赞美。我对清真寺建筑的雕刻窗很感兴趣，光透过它洒在地上（如图 4-45 所示），形成了几何形、精确、波动旋转的深浅阴影，所以我采用了如同照相机光圈般的几何孔洞（如图 4-46 所示，玻璃幕墙上可调节的窗眼就像人的瞳孔一样，可以调节透光量），所用材料是铝，通过内部机械驱动光圈开闭，根据天气阴晴调节进入室内的光线量。"在该建筑落成的 1987 年，阿拉伯世界文化中心被评为当年最佳建筑设计，获得银角尺奖。

图 4-44

高技派除了以上代表作之外，还有位于明尼阿波利斯的古瑟里剧院和位于纽约的一系列建筑，它们都是由富勒设计的。

虽然富勒的每一个方案都能引起人们的兴趣，但没有一个能像他所设想的那样得到大量生产。不管怎样，他对几何相关技术的发展，使三角形单元构成的短线穹顶进一步建成半球穹顶结构建筑成为可能。这种想法后来被证明对于很多不同材料和不同尺度来说都是切实可行的。1967 年蒙特利尔世界博览会的美国展览馆建成，如图 4-47 所示，巨大的穹顶结构（超过半球）用塑料板封闭，允许光线透入，并用机械控制其明暗。室内展览设在通过自动梯可以到达的平台上，而围合的结构形成一个独立的薄膜并位于建筑上空。最终，美国展览馆的室内设计被普遍认为既具有戏剧性又具有美观性。

高技派在家居设计中对质感超然的现代华美材料的运用起源于 20 世纪 30 年代,他们使用金属、皮、玻璃相结合的表现形式来凸显强烈的工业感,如图 4-48 所示。但当时无人提出相应的口号,后来在 1978 年的著名高科技艺术活动中,相关设计师才阐述了工业化给人们的家居审美带来的重大改变,他们更加强调工业化的材质,讲究并凸显生产技术带给人的现代、冰冷、科技的感觉。这种全新的以生产工艺为基础的设计语言一旦服务于家居设计,则以极富新奇的视角重新诠释了现代文明。他们推崇几何形式和机器风格,热衷于用金属、塑料、玻璃、钢铁等工业时代的材料来装配家居,善于通过技术的合理性和空间的灵活性来极力宣扬机械美学和新技术的美感。而这种看似冰冷的机械美学,在 21 世纪的今天则被赋予了更多人性的光环,将情感注入空间,用技术来装点生活。他们用一种建立在设计师理性推理之上的片断的、富于质感的、充满欲望的、有游戏意味的空间表达方式来阐释自己对于未来的创想。

高技派是随着科技的发展而不断发展的,他们强调运用新技术手段来反映室内装修装饰的工业化风格,他们创造出的一种富于时代情感和个性的美学效果的设计,具有强大的生命力。因此,高技派将来一定还会有新的发展,还会不断地使用新的表现形式和新的设计手法。

4.3 解构主义

解构主义是 20 世纪 60 年代以法国哲学家德里达为代表的群体所提出的哲学观念,是对 20 世纪前期欧美盛行的结构主义、理论理想传统的质疑和批判。建筑和室内设计中的解构主义派对传统古典、构图规律等均采取否定的态度,强调不受历史文化和传统理性的约束,是一种貌似结构解体、突破传统形式构图、用材粗放的流派。解构主义注重分解的观念,强调打碎、叠加、重组,将传统的功能与形式的对立统一关系转向相互的叠加、交叉与并列,用分解和组合的形式表现时间的非延续性。他们的设计作品往往给人一种意料之外的刺激和感受。解构主义派出现在现代主义之后,把完整的现代主义、结构主义建筑进行整体破碎处理,然后重新组合,形成破碎的空间和形态。他们重视结构的基本部件,认为基本部件本身就具有表现的特征。他们认为完整性不在于建筑本身总体风格的统一,而在于部件的充分表达。在解构主义的空间作品中,较为突出的是断裂、松散、撕开后再混乱地重新组合起来的形象。他们对现代主义批判地继承的一个突出表现就是颠倒、重构各种既有词汇之间的关系,使之产生新的意义。他们会运用现代主义的词汇,却从逻辑上否定传统的基本设计原则,由此构成了新的派别,因此被称为"解构主义派"。由于他们的设计作品具有强烈的表现主义特征,形象怪异,不合常规,因此解构主义设计在以开放包容自居的整个欧美社会也得到了很好的保留。

解构主义的设计特征可概括为以下几点。

● 刻意追求毫无关系的复杂性,以及无关联的片断与片断的叠加、重组,具有抽象的废墟般的形式与不和谐性。

● 设计语言晦涩,片面强调和突出设计作品的表意功能,因此设计作品难以被观赏者接受。

- 他们反对一切既有的设计规则，热衷于肢解理论，打破了过去建筑结构重视力学原理和横平竖直的稳定感，使人获得了一种与建筑的根本功能相违背的感觉。

- 无中心、无场所、无约束，具有设计者因人而异的任意性。

解构主义派也像其他后现代主义派一样反映了20世纪设计者内心的矛盾与无奈，但他们的探索是大胆的。

盖里是一位很有影响力且被认为是世界上第一个解构主义建筑设计家的建筑师。盖里的设计注重有机形体拼合的破碎结构方式。他设计的建筑物往往倾斜歪曲，由多个独立的歪曲结构拼合而成，有时他还使用一些特殊的金属材料，如铝板、不锈钢板甚至昂贵的钛金属板作墙面覆盖材料。

解构主义大师盖里在美国学习建筑并开业，其解构主义的设计不能被美国社会充分认可，反而要到欧洲寻求深入发展。盖里的著名建筑有西班牙毕尔巴鄂的古根海姆艺术馆，如图4-49～图4-51所示。该建筑体形弯扭，内部错综复杂，令人难以名状。内部采用钢结构，外表用闪闪发光的钛金属饰面，钛板总面积达2.787万平方米。

图 4-51

皮特·艾森曼也是解构主义的代表人物，他设计了西柏林ＩＢＡ社会住宅（1987）和美国俄亥俄州立大学韦克斯纳视觉艺术中心（1989），如图4-52（内部）和图4-53所示（外观）。前者是一座6层住宅，2～6层的外墙用移位3.2度的红白方格的分解组合表现时间的非延续性；后者的表象则是一堆砌体、一组金属构架、重叠断裂的混凝土块以及红砂岩的植物台基等一些互不相干而又冲突的建筑要素。

图 4-49

图 4-50

图 4-52

⊕图 4-53

其他解构主义建筑的代表人物和作品有哈迪特的中国香港顶峰俱乐部方案（1983）和日本的札幌餐厅（1990），以及蓝天组（Coop Himmelblau）设计的维也纳的一处屋顶增建的办公室（1989）等。

思考题

1. 后现代主义的成因及特点是什么？
2. 国外高技派的特点是什么？
3. 解构主义的代表人物有哪些？

第5章 世界不同国家和地区的室内设计

本章要点

　　本章内容主要包括日本的室内设计、中东的室内设计、印度的室内设计、东南亚的室内设计、俄罗斯的室内设计、非洲的室内设计及中南美洲的室内设计。

　　由于历史、宗教、经济及社会等多方面的原因,不同国家及地区形成了多种不同风格的室内设计,下面介绍一些颇具代表性的国家及地区的室内设计。

5.1 日本的室内设计

　　自 1859 年开始,日本由于对西方五国开放了港口,与异质的西方文化发生了联系。接下来便是西方的文化和西方设计思想推动日本室内设计的迅猛发展。

　　从 1920 年成立"分离派建筑会"开始,日本现代室内设计师进行了不懈的努力。如 1925 年川喜田炼七郎在东京银座仿效包豪斯创办了建筑工艺研究所,1931 年日本举办了"法国室内装饰展""新兴德国建筑工艺展"等,使广大的日本本土设计师更加深刻地体验到室内设计的含义和功效。1936 年成立的"日本建筑文化联盟",标志着日本建筑及室内设计风格的形成。

5.1.1 日本室内设计的特点

　　第二次世界大战后,日本的经济受到严重摧残,工业总产值只有战前的 30%,城市中有 1/3 的房屋遭到了不同程度的破坏。在极为困难的环境中,日本政府采取应急措施,计划建造简易住宅,并利用美国占领军在日本国土上建造兵营、住宅、办公室和各类服务设施的机会,按美国标准和图纸严格施工,于是日本建筑和家具制造技术在极短的时间内达到了很高的水平。1950 年,日本颁布外资导入法,使美国等西方国家的新技术、新材料和现代设备源源不断流入日本,对日本的工业和经济发展起到了促进作用。

　　1957 年,日本室内设计家协会正式成立,这是日本室内设计发展史上一个重要的里程碑。1968年日本举行首届室内设计及展示设计会议，为日本的现代室内设计发展确立了正确的方向；同时，日本的高等教育机构也开设了室内设计和家具设计专业，他们不断邀请欧美著名的设计师传授设计知识，包括请世界上最著名的美国设计师雷蒙德•罗维来讲课。他们还举办欧美设计作品展览，派遣学生到欧美学习或通过旅行搜集欧美的设计经验。在日本政府直接参与和民间组织的共同努力下，日本的设计发展极为迅速。20世纪60年代，日本开始以主人翁的姿态出现在国际设计舞台上，通过举办国际设计会议、产品出口展览等活动，开始把他们的设计推向世界。随着日本国内生活及经济水平的逐步回升，20世纪60年代奥运会中代代木体育馆的成功设计，在东京掀起了一个向传统学习的高潮。从此，日本当代建筑师在继承传统、推陈出新的道路上不停地探索，将日本室内设计推上了世界室内设计舞台。

1981年，日本成立了设计基金会，组织国际设计双年大赛和大阪设计节。日本继欧美之后，已成为国际设计新的中心，日本设计也得到国际工业设计界的认可。

日本室内设计的特点可归纳为以下几点。

1. 注重室内设计的简素之美

日本自古以来形成了崇尚自然的风气，室内风格中的造型比较明快。日本室内装饰简洁，变化不多，色彩较单纯，多用浅木本色。不论是公用建筑还是民宅的门窗栋梁，注重的是物体的简素之美，这些木结构的房屋建筑全部保持原木的素色和原木清晰的纹理，这种朴素之美使和式建筑展现出一种禅宗的简素精神。典型的和室，地上铺满榻榻米，采取跪坐姿势较多，房中家具较少，移动方便，所以能随时改变其用途。地面、墙壁、天花板也用木材、竹材等天然材料，让人有回归自然的亲切感。

注重室内设计的自然美已成为日本室内设计中一种传统的审美意识和精神构造。室内多用（平滑）推拉门扇分割空间，开闭自由方便。在室内设计中，他们偏爱用木料、石头、竹子、茸草和纸等可吸光的亚光材料，室内大量使用木装修，如天花、隔断多为木质材料。他们擅长表现室内饰材的质感与色泽的自然美，讲究构造美。在室内环境色彩方面以素洁、淡雅为主；室内家具造型简洁，带有东方传统家具的神韵。

2. 追求形态的均衡之美

在日本的室内设计中，有将形体稍加挪动的习惯，使物体处于一种不对称的状态，这种非对称造型的组合被视为日本艺术的独有特质。他们试图打破对称与圆满的程式化所表现出的均衡之美。在日本的设计师看来，非对称的造型比对称的造型更具灵活性和随意性。

日本的室内设计中讲究顺其自然的结构形式，巧妙地利用空间，因而很少见到那种完全对称、规则的结构设计。日本庙宇的建筑布局与中国寺庙的建筑布局也正好相反，完全是非对称的设计。

3. 崇尚材料的天然之美

在室内设计的构造上，日本设计师用于建造室内环境的材料大多是货真价实的天然之材，蒿草、原木、竹子、藤、石板、细石等温润之材不仅能适度地调节气温与湿气，还可调节人与物之间的关系，透射出朴素、内敛的气息。在选用天然材料的同时，他们还十分注意充分利用材料的自然属性，如材料的质感、肌理、色彩以及不同的结合方式等，以达到丰富细部处理的目的。

在室内设计中除了大量使用木材外，他们还较多地利用石材作为建筑材料，并有意识地将石块粗糙的肌理外表裸露，为的是体现材料原汁原味的质感。由此可以看出日本室内设计师崇尚粗犷的、有质感的材料和摒弃太光滑、工整材料的风气，也反映出日本人自然朴素的审美理念。

4. 呈现空间的温馨之美

日本的室内设计常以日本传统园林布局作为蓝本，尽可能地将传统的日本建筑符号（榻榻米、推拉门、茶庭、枯山水）融入当代室内生活环境中，再糅合日本花道、茶道、书道的艺术形式，形成一种独特的"空、间、寂"日本空间美学特征，营造出日本室内设计特有的"禅境"。

在现代社会里，日本家庭的室内尽管小巧玲珑，但墙壁上多会挂着一幅有稚拙之味的书法，书法的下端通常插有瘦骨嶙峋的、带有泥土气息的野花，令室内显得空灵而高雅。日本室内所体现的一种"自然、淡泊、雅静"的境界，或者说它所追求的一种自然生态观，乃是日本传统建筑室内特征的真正本质。

日本室内设计不是以美炫人，而是力求渗入自然深处，表现出一种纯洁和简朴，也表现出一种平淡、含蓄、单纯和空灵之美,使观赏者从这自然的艺术形态中体验到一种空寂的景象,品味出一种静幽之美,保持一种超脱的心灵境界。

5.1.2 现代日本室内设计的若干代表作

1. 丹下健三的作品

丹下健三的主要作品有东京代代木国立综合体育馆(如图 5-1 和图 5-2 所示)、香川县厅舍(如图 5-3 和图 5-4 所示)。

图 5-1

图 5-2

图 5-3

图 5-4

2. 安腾忠雄的作品

安腾忠雄的主要作品有沃夫兹堡现代美术馆,如图 5-5 ~图 5-10 所示。

图 5-5

图 5-6

🎖 图 5-7

🎖 图 5-9

🎖 图 5-10

3. 矶崎新的作品

　　矶崎新的主要作品有九间堂,如图 5-11 ~
图 5-16 所示。

🎖 图 5-8

🎖 图 5-11

图 5-12

图 5-13

图 5-14

图 5-15

图 5-16

4. 桢文彦的作品

桢文彦（Fumihiko Maki）的主要建筑设计作品有：

- 福冈大学学生中心；
- 东京市体育馆；
- 京都国立现代美术馆；
- 华哥尔艺术中心；
- 代官山集合住宅街区；

● 岩崎美术馆。

如图 5-17～图 5-21 所示。

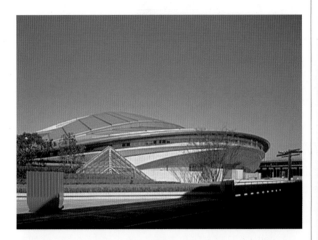

图 5-17

图 5-20

图 5-18

图 5-21

5.2 中东的室内设计

中东一般是指欧、亚、非三洲连接的地区，主要是亚洲西部一带。这个名称的来源是过去欧洲人以欧洲为中心，按距离远近把东方各地分别称为"近东""中东"和"远东"。"中东"地区的范围没有明确的划分，特别是"中东"和"近东"没有严格的界限。现在一般所说的"中东"包括埃及、巴勒斯坦、叙利亚、伊拉克、约旦、黎巴嫩、也门、沙

图 5-19

特阿拉伯、科威特、阿曼、土耳其、伊朗等国家，总面积为七百多万平方公里，人口一亿多。中东地区大多数是以阿拉伯民族为主并信奉伊斯兰教的阿拉伯国家。以色列也在"中东"范围内。

伊斯兰建筑在世界文化形态中是非常独特的，它是一种受宗教影响很深远的艺术形式。几千年来，这一文化形态超越民族、人种、地域、国界，在世界各地具有广泛影响。从某种意义上说，建筑及装饰是了解阿拉伯艺术和文化的最佳视角。多元和统一是伊斯兰艺术最显著的特点。东、西方的已有古代文明都成为后来的阿拉伯人不得不跨越的屏障。但伊斯兰艺术的发展方向相当明确，在恪守朴素的伊斯兰基本信仰的基础上，对外来艺术采取包容的态度。这是我们理解伊斯兰建筑及其艺术本质的关键。

从建筑布局上看，伊斯兰建筑是一种比较封闭和围合的建筑形式。伊斯兰建筑在早期的发展阶段表现出一种传统性。伊斯兰建筑不可避免地发展出地区性的差异，它们融合了叙利亚、波斯和撒马尔罕的韵味，也融合了麦加和麦地那的风格，但其中没有任何一个地方的建筑可单独说明伊斯兰建筑的特色。伊斯兰建筑的发展如同其宗教仪式一样，是直接从信徒的日常生活中而来，它是一种绿洲建筑。

现代伊斯兰室内设计风格的特征是东、西方合璧，室内色彩跳跃、华丽，其表面装饰突出粉画，常用彩色玻璃面砖镶嵌。以上装饰也可用于玄关或家中的隔断，门窗用透雕的雕花板材作栏板，还常用石膏浮雕作装饰，砖工艺的石钟乳体也是伊斯兰风格最具特色的手法，如图5-22～图5-25所示。

现代伊斯兰的纹样堪称世界之冠，建筑及其他工艺中供欣赏用的纹样的题材、构图、描线、敷彩皆有匠心独运之处。动物纹样虽是继承了波斯的传统，可脱胎换骨产生了崭新的面目；植物纹样主要承袭了东罗马的传统，历经千锤百炼，终于集成了灿烂的伊斯兰式纹样。

以一个纹样为单位，反复连续使用即构成了著名的阿拉伯式花样。另外，还有文字纹样，即由阿拉伯文字图案化而构成的装饰性的纹样，用在建筑的某一部分上，多是《古兰经》上的句节。现代伊

图 5-22

图 5-23

图 5-24

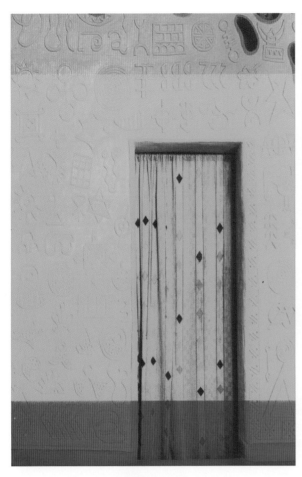

图 5-25

图 5-26

图 5-27

斯兰室内设计的代表作有：阿拉伯塔——七星级帆船饭店（如图 5-26～图 5-31 所示），坐落在阿联酋港口城市迪拜，高 321 米，建在一个离阿联酋迪拜海岸 280 米处的人工岛上，由一条堤岸跟内陆连接。它的工程总共花了 5 年时间，2 年半用在海上填出人工岛，2 年半用在建造饭店，使用了 9000 吨钢铁，在 40 米的海下打了 250 根基建桩柱。饭店由英国设计师设计，共动用了 40 名设计师和 1500 名建筑工程人员。

伊斯兰艺术博物馆坐落在卡塔尔首都多哈，是贝聿铭设计的最后一个文化项目，耗资 3 亿美元。多哈伊斯兰艺术博物馆位于卡塔尔首都多哈海岸线之外的人工岛上，占地 4.5 万平方米，是迄今为止最全面的以伊斯兰艺术为主题的博物馆。博物馆外墙用白色石灰石堆叠而成，建筑的细部采用典型的伊斯兰风格几何图案和阿拉伯传统拱形窗，博物馆中庭偌大的银色穹顶之下，用 150 英尺高的玻璃幕墙装饰四壁，人们可以透过它望见碧海金沙，如图 5-32～图 5-34 所示。

图 5-28

图 5-29

图 5-30

图 5-31

图 5-32

图 5-33

图 5-34

5.3 印度的室内设计

印度在室内装饰上喜欢艳丽的色彩、繁复的线条。由于民族天性使然，印度人的家居、装饰在他们的生活中占据着重要地位。绘画语言和古典建筑修饰符号，如古典印度柱脚、印度风情壁画，大量在室内装饰中出现。

印度的建筑融入了耆那教建筑与波斯建筑的样式，喜欢用球形穹隆顶和高耸的拱门，形成一种挺拔秀美的建筑风格。印度的穹顶将穹隆的顶点支在细长的柱上，因此有了比罗马、波斯建筑中空的半球形穹顶更大的支撑空间，并呈球形或蒜头形。拱门则衍生为马蹄形或多叶形，高大而华美，构成建筑的主调。印度的建筑多用单一的红色砂岩或白色大理石建造，最典型的例子便是纯白的泰姬玛哈尔陵（如图 5-35 所示）和红色砂岩建造的阿格拉红堡（如图 5-36 所示）。印度建筑单纯雄伟，纹饰色调华丽。建筑的外立面总是用几何折线铺排包裹住，又或者将楼顶栏杆或侧墙面镂空为几何形状的隔栅，透气透景，精细而不腻味，繁复却又单纯。不管结构、细节如何变化，它们的造型都有几分相似，都像"凝固的大帐篷"。

图 5-35

图 5-36

在室内陈设方面，木制家具是印度风格的基本形式，大部分采用印度檀木，色泽漂亮，价格适中；高档的印度家具往往用玫瑰木，这种木材木质较硬，花纹精美。印度家具崇尚手工制作，故每件产品尺寸、规格都不相同，而且和中式家具一样喜欢旧材新作。很多印度家具上都可以找到印度古老家具甚至建筑配件的影子，如图5-37所示。

最迷人的元素之一，既难以解读，又曼妙和美丽，如图5-38～图5-40所示。

图 5-38

图 5-37

印度人喜爱来自生活的浓烈单纯的色彩：椰汁的乳白、杧果的金黄色、孔雀羽的宝石蓝绿、辣椒般的火红……他们也喜爱来自宗教性高贵和虔诚之色：代表伊斯兰的白、代表婆罗门的蓝、代表禅宗的土色……他们喜爱在室内适当地采用一些鲜艳的颜色来展示亚热带风情，并在装饰纺织品如帘幔、地毯和挂毯上使用靡丽光亮的重彩来显示富贵和繁华的美丽。那些精美的印花或扎染的图案、闪闪发光的沙丽、缀着小金片的天鹅绒床帐，都充满了这个"花雨雪国"的独特情调。此外，富有神秘气息的宗教图形和文字符号也是印度风格中

图 5-39

图 5-40

印度现代室内代表作品有 The Park 酒店,如图 5-41～图 5-43 所示,该酒店靠近首都新德里购物中心——康诺特广场(Connaught Place)。

另外,代表作品还有印度钦奈的当代公园酒店室内设计,如图 5-44～图 5-46 所示。该公园酒店建立在历史上有名的双子星电影制片厂附近,酒店的设计受到电影厂的熏陶,创造出一个自己独特的故事结构。酒店的设计融合了奢华与现代,并且主要针对高档商务旅客,使他们有一个平静的、可恢复活力的体验。

图 5-42

图 5-43

图 5-44

图 5-41

图 5-45

图 5-46

5.4 东南亚的室内设计

东南亚是第二次世界大战后期才出现的一个新的地区名称。东南亚地区共有 11 个国家，即越南、老挝、柬埔寨、泰国、缅甸、马来西亚、新加坡、印度尼西亚、文莱、菲律宾、东帝汶，世界各国习惯把其中的前 5 个国家称为东南亚的"陆地国家"或"半岛国家"，而将其他国家称为东南亚的"海洋国家"或"海岛国家"。东南亚的建筑文化深受宗教的影响，主要以佛教为主，所以各国在宗教的影响下形成的建筑风格也各不相同，主要表现在以下几方面。

● 中南半岛上的 4 个以佛教为主的国家（老挝、泰国、柬埔寨、缅甸），建筑样式大多是佛教宽顶的多角塔楼。

● 马来半岛上的马来西亚和印度尼西亚、文莱等国的建筑风格为伊斯兰教尖顶的塔楼。

● 菲律宾、越南、东帝汶和新加坡建筑样式是西方格调。菲律宾的建筑风格是西班牙和美国样式相融合；越南的建筑风格是法国同中国样式相结合；东帝汶的建筑风格是葡萄牙风格掺杂了印度尼西亚风格；新加坡的建筑风格则是更倾向西方的风格。

1. 马来西亚

马来西亚多为木结构建筑，用木钉、楔子固定住木构架，上面敷设棕榈叶做顶，而没有用铁钉或者螺丝钉。整个建筑构造在离开地面的高架上，高架结构是当地建筑的一个很突出的特点。高架往往用木柱支撑，有时候也采用石头。高架结构可以增加

通风，巧妙地避免了潮湿的地表环境，完全称得上是生态住宅的典范之作，如图 5-47～图 5-49 所示。宽大的屋顶可以遮蔽阳光的照射，也可以增加空气的流通。宽大的双重檐结构的建筑是马来西亚民居建筑的主要特征。

图 5-47

图 5-48

图 5-49

图 5-50

与环境的高度融合,塑造出一种独特的丛林生活模式,这是马来西亚建筑的又一大突出特点。杆栏式和院落式成为首选的布局模式,木架阳台一直延伸到树梢上,全敞开式的亭子,草顶木柱,搭配色彩绚丽、造型简单的舒适靠垫。一般来说,马来西亚的典型住宅都包括一个比较宽广的阳台或者外走廊,客厅、客人卧室、卧室、厨房往往设在屋后,前后都有楼梯;窗子开得很低,接近室内的地面;屋顶特别高,是用大叶棕榈铺设而成的;墙面也是用棕榈叶编织的席子做的,编织的时候会专门做出图案,因此墙面是有装饰功能的;屋檐之下的木梁刻有花纹图案,是另外一个装饰的部分,如图 5-50 ～图 5-52 所示。

2. 泰国

在东南亚国家中,泰国的家居装饰最为显眼绚丽。由于东南亚地处热带,气候闷热潮湿,为了避免空间的沉闷压抑,因此通过用夸张艳丽的装饰色彩冲破视觉的沉闷。斑斓的色彩其实就是大自然的色彩。艳丽的泰国抱枕是沙发或床最好的装饰,明黄、果绿、粉红、粉紫等香艳的色彩化作精巧的三角靠垫或抱枕,跟原色系的家具相衬,香艳的更加香艳,沧桑的也更加沧桑,如图 5-53 ～图 5-55 所示。

图 5-51

🔶 图 5-52

🔶 图 5-53

🔶 图 5-54

🔶 图 5-55

　　在保持传统的同时,泰国的室内设计也在追求一种时尚的活力。如图5-56所示的曼谷国际机场候机厅就是其中的代表作,这种传统与时尚的结合主要体现在从传统的泰国风格中提炼出一些经典的装饰符号,然后用于现代空间的装饰中。这种融合既让室内保持了现代建筑的空间感觉(例如融入了泰式独特装饰符号的佛像、壁画等),又使空间弥散着一种神秘的气氛……泰国家具在材料使用方面也有其独到之处,藤器在泰式家具中富有吸引力,大部分家具采用两种以上不同材料混合编织而成。色彩方面融合了中式风格设计的家具以深色系为主,例如深棕色、黑色等,令人感觉沉稳大气。受到西式设计风格影响的则以浅色系比较常见,如珍珠色、奶白色等,给人一种轻柔的感觉,而材料则多要经过加工染色。家具的表面都彩绘着宗教故事,沙发用泰丝做外套。精而少的家具给人们的生活以极大的自由度。为适应热带高温的气候,泰国人的房间四面都有窗户,便于空气的流通,也因而拥有了宽广的视野,从室内任何一个角度都可以看到室外葱茏的绿色植物的硕大茎叶,这既是一种清新且令人赏心悦目的风景,同时也是对全木装修及暖色调的平衡,如图5-57所示。

🏵 图 5-56

🏵 图 5-58

🏵 图 5-57

🏵 图 5-59

3. 菲律宾

　　菲律宾现代设计可以说是源远流长,很久以来,菲律宾就以品类繁多、极富热带色彩的手工制品闻名于世,从菲律宾竹藤和精致木雕家具、手雕塑像、圣像,再到以香蕉纤维或凤梨纤维手织而成的布料,以及家居用的薄罗纱灯、金银珍珠首饰、手制篮子瓶皿、蛇皮和鳄鱼皮产品、古董及贝壳工艺品等,不一而足,如图 5-58 ~ 图 5-60 所示。

　　那些受过良好设计教育的新一代设计师,将传统的民族手工艺品提升为切合现代需求的设计作品。他们使用自己熟悉的本土材料,比如火山岩石、森林中的藤蔓、椰子壳、棕榈等,结合了金属技术和天然藤条的编结技术,以藤条或蕉麻的编织品包裹立体的钢丝结构,制成拥有完美的装饰曲线的扶手椅子,如图 5-61 和图 5-62 所示。

图 5-60

图 5-61

图 5-62

4．新加坡

新加坡是东南亚的一个城市岛国,风光绮丽,全年常绿。岛上花园遍布,绿树成荫,素以整洁和美丽著称,人口多居住在城市,被称为"城市国家"。

新加坡有着多元的文化,这就造成了新加坡人的居住风格也是多元的。新加坡新一代的室内设计师们由于其所处的环境中信息来源充足,西方一些先进的设计理念不断地冲刷着他们的头脑,这导致任何室内设计风格他们都敢于尝试,而且常常掺杂其他设计元素后进行再度创作。但是,在不同风格和情调之外又往往有一些共同点,如越来越多的设计师特意在室内设计更多的绿植空间,有时会应用较多的水声和水影,以便让绿色和水舒缓都市生活给人们带来的压力。

新加坡的当代建筑发展由于受到新加坡历史原因的影响,经历了三个阶段的演变和发展:1960—1975 年,现代主义追求的理想主义与国家的发展规划不谋而合,多元文化、多个种族使新加坡成为多种要素、记忆及传统并置的场所;1975—1985 年,外国建筑师涌入新加坡建筑市场,提高了本地设计事务所的生产效率和设计水准,同时本土建筑师也在探索一条能反映地域特征的创作道路;1985 年至今,本地及外来建筑师的设计质量都大幅度提升,新加坡的建筑正在形成自己的风格,一种有别于西方的热带现代建筑正在逐渐走向成熟。

5.5 俄罗斯当代的室内设计

俄罗斯人的祖先为东斯拉夫人罗斯部族。公元 15 世纪末,大公伊凡三世建立了莫斯科大公国;1547 年,伊凡四世自封为"沙皇",定国号为俄国。16 ~ 17 世纪,伏尔加河流域、乌拉尔和西伯利亚各部族先后加入俄罗斯,使它成为统一的多民族国家。1689 年彼得大帝执政,在他的统治下,俄罗斯打败瑞典,得到了通往波罗的海的出海口,使俄罗斯领土大幅扩张,由内陆国变为强大的濒海国家。1917 年列宁领导的十月革命推翻了沙皇,成立了俄罗斯苏维埃联邦社会主义共和国,至 1991 年苏联解体,又恢复了俄罗斯的国名。

俄罗斯的发展历史直接影响了其当代的室内设计。

在东正教传入俄罗斯之前,俄罗斯有独具特色的木建筑艺术。它有着与生俱来的古朴风格,同时在宗教文化势力的不断影响下,具有为宗教服务的浓厚性质。

宗教变革为俄罗斯带来了一种极易辨识的建筑风格——华美的"洋葱头"样式教堂。"洋葱头"教堂源自中世纪的拜占庭帝国,其形式典雅大方、高耸端正,主建筑结构搭配多个矗立上端的半圆形顶盖。初期的圆顶通常较大较扁,后来渐渐往上拉长拉尖,也往旁发展并趋向饱满,最终定型为人们熟悉的"洋葱头"。最早的"洋葱头"教堂是1037年建于基辅的索菲亚大教堂,共有13个圆顶,建筑整体感觉高耸圣洁,犹如神迹。

19世纪末和20世纪初是探索新的严整建筑风格时期,诞生了俄罗斯现代派。由此进一步发展到结构派——没有装饰的建筑,显露出钢筋混凝土、玻璃组成的结构。苏维埃政权头几年就修建了这种风格的工厂、公共住房、文化宫等。

在20世纪20年代和30年代之交,古典式的风格占了上风:鲍里斯·约凡主持了苏维埃宫的设计,德米特里·切丘林、阿尔卡季·莫尔德维诺夫改变了苏联许多城市的面貌。在卫国战争以后,"斯大林帝国风格""凯旋式"成为重建城市——伏尔加格勒、明斯克和基辅的风格。20世纪60年代初,"装饰主义"繁荣时期结束,取而代之的是统一模式的、千篇一律的五层"盒子式"楼,主要目的是为千百万公民紧急提供住房。这种大规模的低成本建设持续到现在。但"改革"后,在城市最好的位置上耸立起体现"后现代主义"精神的银行和写字楼,带有塔式尖顶、曲线楼顶、混凝土和玻璃外部装饰。在郊区,出现了新颖别致的单独住宅。如今,优秀的建筑师们正积极探索改造城市风格的可能性。如图5-63和图5-64所示为莫斯科大学的主要塔楼建筑,坐落在莫斯科近郊列宁山上,是莫斯科市极具代表性的七大高层尖顶式建筑物之一,主楼高240米,共39层。

☺ 图 5-63

☺ 图 5-64

俄罗斯室内设计的发展始于1993年。那时的俄罗斯由于受到体制的限制,建筑和室内设计的发展陷入窘境。建筑以实用为主,几乎谈不上设计。15年后,情况发生了改变,俄罗斯室内设计的鼎盛时期到来了,个性化的室内设计出现,紧追国际设计发展潮流。尤其突出的是俄罗斯自由式公寓设计,这不仅是自从 1980 年纸面建筑之后俄罗斯向国际建筑领域做出的第一份重要的贡献,也是俄罗斯室内设计走向繁荣的原因之一。俄罗斯绝对数量的室内设计作品已经导致了大部分建筑团体活跃在这个领域,这意味着不仅可以在自由设计公寓中体现这些成果,也可以在那些旧式建筑公寓、餐馆、俱乐部和精品店中让人欣赏到这种设计的辉煌。相对而言,俄罗斯"真正的"主流建筑看起来比较黯淡,这可能是俄罗斯文化特性产生的结果。

总之,室内设计仅仅是场景的布置——它不可能像建筑物一样长久存在,但是它更符合俄罗斯艺术、文学、戏剧和电影领域创造的亦真亦幻的传统成就,如图 5-65 ～图 5-67 所示。

🎬 图　5-65

🎬 图　5-66

🎬 图　5-67

俄罗斯是个有悠久传统而又充满深情的民族,他们的建筑看似高大,却有着细腻的情节。典雅的古典风格、豪华的巴洛克风格、纤美的洛可可风格、折中风格和文艺复兴风格均可在圣彼得堡轻易找到。严整柔和的线条、高大宏伟的结构、富丽堂皇的装饰、整齐宽敞的街区和道路,让这个城市显得格外高贵恢宏。西欧古典主义建筑轴线对称、主次分明,外形端庄稳重、气势恢宏,室内则金碧辉煌,如图 5-68 ～图 5-70 所示,圣彼得堡的大型建筑差不多都是按这种风格建造的。

在经历了 20 世纪 90 年代的萧条后,俄罗斯经济近年来渐渐振兴,努力以现代化的形象出现在世人面前。2005 年,俄罗斯正在建造一批现代化的大型建筑,其中既有即将成为欧洲第一高楼的"联邦大厦",又有占地 20 公顷的玻璃城市,还有各种造型独特、富于现代感的摩天大楼。这些多数位于莫斯科、圣彼得堡等大都市的现代建筑设计大胆,水平高超,同时,俄罗斯近年来也积极引进外资和世界各国的设计者和建筑公司。

图 5-68

图 5-70

5.6 非洲的室内设计

提起非洲,人们会自然地联想到木雕、舞蹈、面具……同样,这块神奇的土地上也孕育了古老传统所演绎的家居文化,能让人感受到一种久违的温馨而古朴的气息,一种原始的稚拙味道。

非洲最典型、最传统并一直沿用至今的房屋建筑样式是以木为梁柱、以草叶为顶的茅草屋,这也几乎已经成为大多数其他族裔对非洲建筑的最鲜明的印象。茅草屋的建造方法是先在四角或周围立起木柱,也可以直接以树木为柱,用藤条围绕木柱编出双层篱笆,再将用黏土、棕榈油混合而成的泥巴填塞篱笆作为墙体,随后用较细的木棍搭出圆顶或尖顶,用蓑草和棕榈叶一层层铺平,就告竣工了。房屋造型可圆可方,规模可大可小,或高或矮,或尖脊或平顶。按照非洲古老的传统建成的茅草屋,所有的材料都来自人们的身边,并与大自然浑然一体。房屋冬暖夏凉,易于搬迁和扩展,也非常适合高温多雨的热带气候。即便是高贵的古代王室宫殿,也住这样的茅草屋,只不过面积更大,房间更多,屋顶铺得更加细腻,并且绘有吉祥的图腾和符号来显示尊贵。

图 5-69

相比建筑的简单质朴，非洲风格的装饰就显得异常丰富多彩。东非盛产名贵硬木，西非则有大量的黄金。木雕和黄金雕刻也代代相传，成为最具非洲风格的典型装饰元素。非洲风格的雕刻材质十分贵重，艺术手法则简单稚拙、粗犷随意，具有浓厚的生活气息，人们钟爱拟人化的动物和人物形象。无论是实用物件如酒杯、饭碗、物品容器、桌子、椅子、凳子、手杖等，还是纯欣赏性的装饰品，造型都非常活泼，个性突出，显示出非洲人对自然和神灵的亲近，以及他们天真快乐的性格特点，如图 5-71～图 5-73 所示。

织物是非洲人的最爱。几何形的纹样被纯熟地变换和运用，飞鸟鱼虫都在其中，而各个部落古老而独特的图腾符号更是反复出现的标记。对于非洲人来说，纹样并非是为了装饰，而是与自然界、与神灵进行沟通的语言。因此，属于非洲的纹样都具有活泼的生命力，表达着快乐、忧伤、喜悦和祈祷，因其独一无二，兼具内涵和形式美感的特征，同样成为非洲风格最直观的元素之一。在色彩方面，非洲人偏好纯粹的原色，浓烈而饱和，土黄、赭红、正蓝最具代表性，时常搭配黑色和绿色作为过渡和调和，其灵感便是来自野生动物那华丽天成的皮毛，如图 5-74 和图 5-75 所示。

图 5-72

图 5-71

图 5-73

图 5-74

5.7　中南美洲的室内设计

1. 巴西

巴西在殖民地时代沿袭的欧洲家居精髓,如巴洛克、洛可可风格,和当地印第安土著居家精髓,如精巧的手工编制品、雕刻品、手工画等,居然在现代巴西人的居家设计中获得了惊人的融合。巴西人的居家装饰中,欧洲经典的铁艺、大理石、壁炉、弧形旋梯等与美洲古典的红木雕刻、部落壁画、几何造型等和谐共生。

比较建筑而言,巴西的装饰风格更加多样而大胆。南美本地的印第安文化和非洲文化元素大量涌入,产生了与欧洲文化等量甚至更大的影响,尤其是在海滨住宅的室内装饰中,热带气候让海滨度假屋成为当地重要的建筑形式和生活场所。木材被大量地用来构架轩敞的主结构,打造风格质朴的桌椅;各种藤蔓类和亚麻等材料也被用来编制成家具和摆设品,与周围婆娑的椰树和芭蕉非常和谐。室内色彩则偏爱纯正的蓝、绿,以及明亮的黄色和鲜艳的红色,与木材本色、蓝天碧海和雪白的沙滩相映成趣。几何纹样的手工织毯、朴拙的图腾符号以及各种西非风格木雕,组成巴西特有的海滩风格,如图 5-76 ~ 图 5-78 所示。

图　5-75

图　5-76

見十六七世紀時的古典建築，這些建築"風姿綽約"不減當年。輕盈高挑的哥特式聖法蘭西斯教堂使用的主要石料均不遠萬里由葡萄牙本土運抵。莊嚴華美的巴洛克風格的聖母教堂裝飾繁複，是葡萄牙全盛時期的象徵。普通的居家建築更是極具宗主國特色，一貫的淺粉色彩外牆點綴著青石鋪就的古老街巷。寧靜的海灘美麗安詳，一眼望去，整座城市宛如中古歐洲，韻味獨具。而大都市如里約熱內盧（Rio De Janaro）更是得天獨厚地聚集了從殖民時代到現代的各種建築樣式，早期的艾雷拉樣式及巴洛克、洛可可風格與近代的新古典主義風格並列在一起，莊嚴的教堂、堂皇的莊園、小巧別致的宅院和諧並存，使室內外裝飾風格混然一體。

3. 阿根廷

在現代建築方面，阿根廷同樣成果斐然。布宜諾斯艾利斯大多數的現代風格建築均在 1989 年後的"梅內姆時代"出現。伴隨著 IBM、西班牙電信、花旗銀行、匯豐銀行等全球性大企業紛紛進駐布宜諾斯艾利斯，一批以玻璃幕牆為標誌的現代建築拔地而起。

阿根廷風格的重點並不在於它多元化的建築血統，而在於運用這些元素時理性而疏離的態度。不同於拉美風格一貫的熱情奔放，阿根廷風格鍾愛藍白兩色搭配；古典歐洲貴族的奢華細節被完美地移植，早期航海家和淘金者的野性則一路濃縮

图　5-77

图　5-78

2. 葡萄牙

葡萄牙人最早登陸並建城的薩爾瓦多（Salvador）是一座幾乎可以用原汁原味來形容的歐洲風格港口城市。因為保護得好，目前城中仍隨處可

图　5-79

为某种图腾,帆船模型、舵盘、风灯……悄悄地在居室的各个角落留下印记。在材质方面,"黄金时代"不计人力物力的习惯也一直延续至今,大理石地面、贵重木材家具、水晶灯、金银镶嵌的器皿也都较为常见,如图 5-79 ～ 图 5-81 所示。

图 5-80

图 5-81

思考题

1. 现代日本和亚洲其他国家室内设计的共同点及区别是什么?
2. 俄罗斯当代室内设计的发展情况如何?
3. 非洲和中南美洲国家室内设计的特点是什么?

第 5 章　世界不同国家和地区的室内设计

第6章　当代中国的室内设计

本章要点

　　中国自改革开放以来，经济快速发展，人民生活质量得到了极大改善，伴随着建筑业的繁荣，室内设计已经渗透到生活的各个层面。中国当代室内设计师在他们的作品中探索并实施着将传统文化融入当代设计之中。外国设计师也在中国设计了大量有影响的作品。

6.1　当代较有影响的建筑

　　中国自改革开放以来,国内庞大的市场吸引了越来越多的国外建筑装饰业巨头进入中国,涌现出一批在国际上都极具影响的代表作。

6.1.1　国家大剧院

　　国家大剧院由法国建筑师保罗·安德鲁主持设计,建筑屋面呈半椭圆形,由具有柔和的色调和光泽的钛金属覆盖,前后两侧有两个类似三角形的玻璃幕墙切面,整个建筑漂浮于人造水面之上,行人需从一条80米长的水下通道进入演出大厅。大剧院造型新颖、前卫,构思独特,是浪漫与现实、传统与现代的结合,如图6-1所示。剧院入口并不高,取自于故宫外墙的暗红色涂在简单朴实的材料上,墙壁上雕刻着高低起伏的不规则线条,勾勒出光影的律动。从入口开始,"发现"和"改变"

图　6-1

的概念贯穿了整个内部空间设计。红色调逐步变得鲜亮和细腻，一个个不规则的四边形灯座点缀在亚光的红色天花板上，亮丽的红色给天花板平添了几分动感。月色下，亚光和亮光在对比中突出了雍容大方的气质，如图6-2所示。公共大厅的地板铺着20多种颜色不一、花纹各异的名贵石材，公共大厅天花板由名贵木材拼贴成一片片"桅帆"，木质的红色深浅不一，明暗相间，如图6-3所示。故宫外墙的红引领着方向，明暗对比的红映衬着"水晶宫"，泛出漆器光泽的红环绕大厅……通过光线变化和映射等现代手法，大剧院内的红色被赋予了不同的气质，这也是对中国传统的现代阐释，如图6-4和图6-5所示。

🏛 图 6-4

🏛 图 6-5

大剧院内有四个剧场，其中的歌剧院内外都用极细的金属管网编制包裹着，而金属后面的红色背景从金属缝隙间透出，使整个歌剧院都笼罩在一片深橘红色之中，温馨浪漫之感油然而生，并且延伸了空间，如图6-6所示。银灰色调从音乐厅外墙延续到室内，灯光打在沙丘般凹凸起伏的墙面上之后光影交错，烘托出平静安详的基调。沿着沙丘的柔和线条向上，猛然有几道沟壑划过天花板，冲破宁静和安详。音乐厅的顶棚呈现为一片清新的绿地，墙体的柔和感与天花板的壮丽雕塑感形成强烈对

🏛 图 6-2

🏛 图 6-3

🏛 图 6-6

比,让人感觉到宁静中自有一股巨大的力量蓄势待发,如图6-7所示。用来上演京剧和话剧的戏剧场并不大,与音乐厅的现代、抽象相对,戏剧场的墙壁上紫色、暗红、橘色、黄色的竖条纹规则相间,沉静中有跳跃,写实间又有延伸,如图6-8所示。

🌐 图 6-7

🌐 图 6-8

6.1.2 中央电视台新大楼

中央电视台(以下简称央视)新大楼由荷兰设计师雷姆·库哈斯主持设计,位于北京CBD的心脏地带,它包括央视主楼(CCTV)、电视文化中心(TVCC)和服务楼三个部分。主楼设计较为独特,外观与"门"字相像,在任何一面看都是一个L形,同时因观看角度不同,它又充满了变化,外形绝不雷同。巨环的两个垂直塔楼向内倾斜,隐约能看出"超建筑"相互搭接的痕迹,如图6-9所示。新大楼建成后能运行250个频道,容纳1万名员工。另外,每天还能迎接几千名造访者。如此复杂的内部系统简直就是一座媒体城市。大多数建筑在建造的时候,并不知道它以后的具体用途,不过央视新大楼恰恰相反,设计师在动工之前,就要完成对

建筑内部各部分的功能意义和空间意义的规划。主设计师雷姆·库哈斯和奥雷·舍人早已把大楼的内部设计定义好:主楼是技术楼,负责电视内容节目制作;副楼是公共建筑,里面有文华东方酒店、数码放映厅、多功能厅、录影棚和新闻发布厅,此外,还有餐厅和剧场等。

🌐 图 6-9

设计师最想要突出的是大楼内部沟通和交流的便捷。与国际上经常出现的制播分离的状态恰恰相反,央视新大楼整个功能布局让所有在这个机构里工作的人都能感受到下一步的工序。垂直和水平的内部交通方式让在里面工作的人感到便捷,表达了提倡联系,反对孤立的设计思想。如图6-10所示,主楼内部还设计了一个环形的参观流线。区别于央视老大楼的森严形象,公众可以在新大楼里对电视的制作有直观清晰的认识。人们可以从东三环马路的入口进入地下一层,观看演播室的情况,然后乘坐电梯到37层,经过礼品店,可来到公共观景大厅。在空中走廊伸出去的角上还有3个观察窗,透过透明玻璃的地板,可以在上面俯瞰脚下的城市,然后通过一个楼梯上到38层,再乘坐电梯回到地下一层。

❀ 图 6-10

公共空间是设计师通过央视新大楼项目推向大众的重要理念。在主楼里,最高楼层不是留给高层管理者,而是用作公共区域,比如餐厅。在该建筑中,参观者可以看到令人眩晕的突出部分和走廊,并且可以从这里看到办公室和电视演播室。楼里甚至包括一家电影院和一家剧场。剧场设置在主楼延伸出来的底层上,内部完全打破常规:舞台没有固定,座位也没有固定。座椅却固定在特制的车台上,可以任意推动,任意组合。对于央视新大楼来说,它就好像一个人的机体,不同的功能空间好似它的各种器官。不同的功能需求有机地结合在形式当中,在其中找到最合适的存在方式。张扬的央视新大楼形象背后体现了形式服从功能的理念,也展示了一种姿态,它代表了开放、包容甚至是世界性眼光。在某种程度上,央视新大楼已不只是中央电视台文化形象的代表,而是北京市的一张新名片,矗立在这媒体时代。

6.1.3 上海商城波特曼丽嘉大酒店

上海商城作为上海市中心最早的集高档零售、餐饮和娱乐场所为一体的综合建筑,早已在人们心目中留下了深刻的印象。而波特曼丽嘉大酒店作为商城主体的核心,自商城成立至今,更是在多次国内外活动中发挥了重要作用。酒店由杰克·波特曼指导设计,将欧美气氛、现代潮流、亚洲风格、中国特色融为一体,为波特曼丽嘉大酒店的高雅温馨、精致美丽增添了特色。设计师对灯光、色彩和装饰

织物及家具等的大胆运用和整体安排,使该设计完全纳入现代设计的范畴。所有设计元素最终交织成一件美丽并颇具观赏价值的艺术品。

贯穿 4 层楼高的中庭是一个宏伟的共享空间,粗大且截面为椭圆形的柱子是用印度尼西亚的黑檀薄木贴面来装饰的,装饰金属制品的材料是优雅的抛光铬黄,地面是由中国黑色的花岗石板和意大利多色的大理石板拼成,墙面是米色的石灰石墙板,绘有"吉祥云"图案的红、金、紫色地毯让身处其中的人们感受到大堂富贵不凡的气质。摆放在大堂壁龛中由树脂制成的中式艺术品代表着一年四季,烘托出中国特有的浑厚的艺术氛围,如图 6-11 所示。大堂中最引人注目的莫过于重 1360 千克、高 3 米,用玻璃装点的月洞门,该门吸纳了中国传统的风水意识,中空的洞口预示着波特曼丽嘉大酒店的商旅客人必能财源广进,如图 6-12 所示。大堂的灯光设计中大量地采用了光纤,比如在 5 条玻璃装点的圆梁中,前台石灰墙壁的镶嵌处以及酒吧的台面等处都有使用。设计师充分应用了光线与玻璃折射的原理,通过光纤控制器的速度、颜色及光纤本身的布置和图案的变化,将客人带入了五彩缤纷的梦幻环境之中。大堂中还多处安装了光源灯,当暮色降临,计算机设置的各种图案将它们的动态变化直接照射到北面半透明的丝制窗纱上,与月洞门、玻璃横梁交相辉映。同时大堂中所有的灯光及背景音乐皆由计算机控制,根据季节、时间和大堂氛围的变化,光线的强弱、色彩、调节速度都会随之改变,如图 6-13 所示。大堂正门旁的旋转楼梯在

❀ 图 6-11

灯光的点缀下则呈现出另一番味道。弧形的楼梯以片片银叶（银箔）装饰，与水池中的粼粼碧波交相辉映。如图6-14所示，一楼的图书廊是大酒店的传统小憩方式，它融合了波特曼丽嘉酒店集团的企业文化与中国传统文化的特色，成行的组灯衬托在黑檀木书橱后面，将各色中外艺术名著尽显出来。高贵的紫金色地毯和典雅的钢琴，在随着时间的改变而交换色彩及光亮的顶灯的映照下增添了浓郁的文化气息，如图6-15所示。

上海商城波特曼丽嘉大酒店的设计做到了传统而不过时，现代而不生硬，并将传统中的精华和日新月异的现代理念完美地结合在一起，为国际商业机构提供了一个充满活力的综合环境。

🎬 图 6-12

🎬 图 6-13

🎬 图 6-14

🎬 图 6-15

6.2 继承民族文化传统及其他探索的代表作

中国传统文化源远流长，深刻地影响着现代生活的各个方面。从媒介、语言、表现手法等方面的显性传统到对设计认识的文化心态、思维方式、审美观点等隐性传统，无时无刻不在影响着室内设计，影响着每一位设计师。而现代环境下，计算机的应用及互联网的发展使设计师的作品不可避免地具有更强烈的时代感。如何传承传统文化，进而将传统文化与现代艺术设计紧密联系起来，形成中国式的室内设计风格？越来越多的优秀设计师在思考如何将中国传统文化融入当代设计之中。

6.2.1 广州博士俱乐部

广州博士俱乐部由国内著名设计师曾秋荣设计，位于汇华大厦塔楼首层群楼顶部，是广州市一些社会精英聚会、交流的场所。基于空间的使用对象及特质,引发了设计师在现代室内空间中对中国传统文化精神的探索。

1. 简约的视觉空间表达

中国传统文化视觉表现是以尽可能少的元素去获取更丰富的精神境界,这与简约主义在视觉上有异曲同工之妙:少即是多。如图6-16所示,该设计案例通过简朴、单纯的材料处理空间界面,用保持连续的形态和配置的光线营造出空间的深远感和厚重感。

🎞 图 6-16

2. 室内外空间景观化,强调"天人合一"的设计理念

如图6-17和图6-18所示,引入室内外庭园,为人与自然的对话提供可能,并在空间中产生诗意,只有当"人性"和"自然"在空间中彰显时,才会引起观者心灵的震撼和感动。

🎞 图 6-17

🎞 图 6-18

3. 对东方人文精神的追求

绿竹、红梅、古陶、青铜器等元素的植入,使简约、宁静的空间弥漫出东方特有的人文气息;而过厅的中国现代水墨画《群会》,在强调空间主题的同时,也提升了俱乐部博大深远和平素隽永的文化气息。

6.2.2 南方精典

南方精典也是由曾秋荣设计,它位于广州天河路,是专为艺术界人士提供相互交流及媒体采访的平台。针对艺术家这一特定群体,设计师极力营造简朴、宁静的自然氛围,创造内省、秩序的纯净空间,因此,水的纯净、光的灵动、建筑墙面肌理的质朴、空间极简主义的凝练是设计师着力的基点,如图6-19所示。

🎞 图 6-19

从电梯门厅至内室的过渡空间,水的引入隐喻了摒弃外界喧嚣并归于内心宁静的需求与过程。在宁静、简洁的氛围及空间里,自然光线本身的渗透与反射,使人能更专注于最简单的事物;光线的不断变化也使空间更生动、更丰富,如图6-20所示。室内天然建筑材料的运用,其朴实的肌理更彰显出质朴自然的室内环境。随着时间的推移,材料的颜色会改变,因此带来的时光感令人迷恋,如图6-21所示。

图 6-20

图 6-21

空间设计中极简主义的运用以最简洁的手法隐含复杂精巧的结构,从而获得建筑的本体,留下简洁明快并富有穿透力的空间,同时也创造了一个独特、连续与流畅的视野。在四周封闭的双层空间中,天窗与露天庭园作为重要的设计语言,其设置使该空间中人与自然的联系及对话成为可能,如图6-22所示。简朴雅致的建筑空间蕴含着丰厚内敛的精神世界,是设计师最想体现的根本实质。

图 6-22

6.2.3 浙江省美术馆

浙江省美术馆由著名设计师、中国建筑学会室内设计分会副会长陈耀光主持设计。陈耀光的设计理念独特,擅长用较少的装饰符号、较简洁的设计元素,将光线、色彩、声音和空间距离完美地结合,赋予室内空间以十分和谐的审美境界。陈耀光认为空间是抽象的,审美是具体的,而感人的是空间本身。浙江有山有水,有悠久的江南传统和丰富的山水意境,为使浙江省美术馆的建筑空间与外部山水环境和谐共存,陈耀光以黑、白、灰作为空间基调,同时给大面积的室内墙面、地面铺以乡村绿的大理石,隐约捕捉雨后的青苔微绿,体现湿润的江南感觉,让空间浑厚而不笨拙,灵秀而不飘浮,抽象的东方空间环境虚实相间,室内与室外的交相融合,如图6-23所示。"平静、从容、清淡"是浙江省美术馆空间设计的特征,几乎以一种材料、一种肌理、一种色彩,让一种从容平静的空间感受贯彻始终、一气呵成。尤其是空间的立面和地面上几乎是用一"平"如洗的纯净手法,将空间的写意、大气、整体的建筑气势做了极致的刻画,如图6-24所示。最终的浙江省美术馆建筑空间变化丰富,虚实重叠,特别是公共区域充分利用了建筑空间的优势,在室内设计中着重梳理规整空间,如山峦起伏的大型玻璃采光顶、实体的墙面、敦厚的力度,几乎近似钝拙的手法,使空间犹如天然斧劈而成,如图6-25所示。以空间体量和尺度与人的心理感受产生共鸣,最大限度地反映了建筑空间的结构感染力,以及地方美术馆的权威性和规模感。

◉ 图 6-23

◉ 图 6-24

◉ 图 6-25

6.2.4 南京汤泉镇大吉温泉度假村

南京汤泉镇位于长江北岸浦口区境内，是一处著名的温泉度假胜地。不仅温泉著名，更以优美卓越的自然景色以及花木盆景而闻名，拥有占地面积 2000 多公顷的老山国家森林公园。坐落于此的大吉温泉度假酒店由国内著名中青年设计师洪忠轩设计。

洪忠轩 2001 年获中国室内设计大奖赛佳作奖，2002 年获第一届中国（青岛）国际设计节室内设计一等奖，2003 年度为"中国最佳室内设计师"奖全国唯一获得者，2004 年度为"最佳饭店设计师"，2008 年为北京奥运会特许经营店商业形象识别系统全国设计负责人。国家级迎宾馆、东京文化艺术中心、深圳少年宫剧场等都是他的作品。他认为东方的设计讲究意蕴和神韵，尤其是古典的东西，像汉建筑中出现的"青龙""白虎"瓦当圈在一个圆里，像拉满了弓的箭，表现出含蓄的爆发力。

大吉温泉度假酒店采用钢结构形体，内部用原木板作为主材。落地玻璃把周边优美的竹园景观收藏于室内，让人分不出哪里是室内，哪里是室外。在追求生态和自然的当代，该设计方案是极有感染力的代表作品之一，如图 6-26 和图 6-27 所示。

◉ 图 6-26

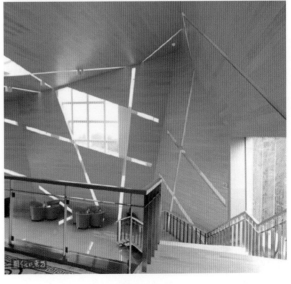

◉ 图 6-27

会议中心是整个设计的重点，前厅的设计个性十足，从外观到室内均以独特夸张的表现手法来塑造建筑形体。室内大面积采用松木板，不同材料互相组合所产生的丰富层次有强烈的视觉冲击效果。条形的玻璃窗从墙面行走到天花板，连贯穿插，阳光透过异形条窗在室内产生碰撞，给人充满期待的感觉，如图 6-28 和图 6-29 所示。三层是可容纳 400 人的多功能厅，内设多功能舞台，可供娱乐表演、时装展示等。其他辅助设施包括贵宾厅及中餐包房等，在现代东方风格的基础上汲取了一些休闲假日形式，营造出优雅大气的酒店会议环境，如图 6-30 所示。

🏮 图 6-30

🏮 图 6-28

🏮 图 6-29

6.2.5　金意陶 KITO 思想馆

KITO 思想馆营销中心形式最早由佛山金意陶陶瓷有限公司推出，并由著名设计师张星策划设计。思想馆在陶瓷业界创造了业绩连年翻番的神话，成为发散金意陶产品尊贵和华美感觉的载体。在金意陶思想馆，现代和古典相互碰撞，人文与自然油然共鸣，这里的样板间启发了消费者对未来家庭生活的想象，也启发了设计师的创作灵感。这样的互动加上灯光、配饰的配合，形成了金意陶华美、尊贵的空间感受，如图 6-31 所示。

🏮 图 6-31

设计师张星认为作品就是设计师的舞台，要在这个舞台上完美地演出，一定要经历特别的创意过程，就如同文人吟诗作画，一定要触景生情才能妙笔生花。在 KITO 思想馆的设计中，张星点燃了浓浓的文化气息，将文化、产品和光渲染下的人结合在一起，启发思维，升华情景，让人过目难忘，如图 6-32 所示。思想馆的设计就是要体现出一种联想，让人思维发散，深刻体会思想的魅力，如图 6-33 所示。在人们习惯性地用设计的思维对材质、元素、空间层次划分、灯光效果等去代入分析时，金意陶思想馆设计师张星却提出：对设计结果的评估不能只是一种所谓的"印象、感觉"等过于感性的认识，思想馆内有 40 多个样板间，每个样板间并不只是商品的简单组合，而是一种生活方式的体现。

设计师在空间中巧妙地运用各种不同配饰、不同材质和不同的组合方式，向人们讲述着自己的生活要求及方式：浴缸代表舒适，小规格的米色仿古砖旁边再加一束无拘无束的野花就代表田园……如果人们刚好经过，觉得这就是梦想中的家，消费就成了自然的事，如图 6-34 所示。充满激情的艺

🏮 图　6-32

🏮 图　6-33

🏮 图　6-34

术才具有感染力，像凡•高的《田野》和《向日葵》，像贝多芬的《命运交响曲》，艺术家的激情通过画面、音符震撼着人们的神经。其实，所有商业活动的最终目的就是要引起人们的注意，震天的音乐、美女，出其不意的故事……而张星在思想馆里用恰到好处的灯光、夸张的造型、艺术的气质，在浮躁而熙攘的城市中给了人们不同的感觉，因此一下子就引起了人们的关注。

6.2.6　雅郡花园别墅

雅郡花园别墅由著名设计师梁永标设计，可以说是老木新颜，是一座生态别墅。他的理念定位是自然主义，自然、环保、个性是其中的核心，这些元素渗透在他的每一部作品中。对于如何定义豪宅，梁永标有自己独特的见解，也充分体现了他的自然主义的设计理念。首先，他认为中国人讲究深藏不露，即所谓藏富。因此，豪宅之"豪"并不在于表面的奢华，而应体现在内在的意蕴与对细节的雕琢上。其次，真正的豪宅是不可复制的，正如每一个有个性与内涵的人一样，每一座豪宅都有自己独特的气质、韵味，这些气质与韵味是具有唯一性的。梁永标还认为，生态环保是现代豪宅的重要标志。生态型豪宅指的是选用环保材料装饰，没有任何危害人体的物质；另外，选用材料应避免破坏自然环境，尽量采用对环境影响最小的、源于自然的素材。因此，在梁永标的设计中，自然环保是一向的坚持，而个性则会根据业主的气质而创新，务求与业主气质匹配。

如何把环保与现代东方神韵融合并能很好地体现，是梁永标设计的关键。雅郡花园是联体四层小别墅，面积有近 300 平方米。梁永标大胆地采用了老泰柚木为设计主材。很多老泰柚木已经有裂痕，在修补这些裂痕后并没有进行修饰，反而刻意保留了岁月的痕迹，梁永标认为这就是历史的沉积。老泰柚木在房子里处处可见。一进大门的玄关就有一个用老泰柚木做的屏风，屏风采用了中国传统的窗棂造型装饰，使空间充满了灵性与禅意，宁静而致远的禅意弥散在空气中，让人仿佛进入了另一个时空，而玄关就是一个时光隧道，如图 6-35 所示。通过屏风看过去，整个居室在影影绰绰间被一个个小格子分割，仿佛一会儿化整为零，一会儿又

从零归一。为了保持传统的东方气质，房子的木梯接驳位都采用了传统的入榫方式，而且有意把榫头凸显，更显传统意蕴。楼梯扶手也是从传统东方元素中提炼而成，去繁就简，去粗取精，使造型简约洗练，展现出新东方神韵，如图6-36所示。由于整个居室以实木为主材，住在这里可谓冬暖夏凉，窗外是水天一色，室内是茶香氤氲，人们似乎在聆听原木娓娓的诉说，感悟如歌岁月，如图6-37所示。

🔴 图　6-37

6.2.7　广州长隆酒店

广州长隆酒店由广州集美组室内设计工程有限公司总经理、董事长林学明担纲设计。

长隆酒店位于广州番禺，是珠江三角洲水网交错的中间地带，其周边有著名的旅游点——香江野生动物世界与长隆夜间动物园。设计师将华南亚热带植物与动物原始的野性，结合撒法里主义和广东华南地区人文特征，作为长隆酒店室内设计的风格取向，建造与环境主题结合的酒店，把自然的美提炼为艺术。

长隆酒店的建筑面积约为6万平方米，有300间酒店客房，设有大型国际会议中心（多功能厅）和近10间中型会议室，以及中餐厅、西餐厅、特式餐厅、酒吧、娱乐、健身区域等。设计师通过以动物为题材的艺术品诱发人们对自然之美的联想，追求更高的精神享受，如图6-38所示。长隆酒店动植物主题的设计亮点是在酒店内部的两个近300米宽、15米高的中庭，设白虎庭院和火烈鸟庭院。两个庭院分别由餐饮区域和康体区域包围，客人无论在餐厅就餐或在酒店大堂内四周闲情漫步，都可观赏到两只南非白虎在优雅地漫步；

🔴 图　6-35

🔴 图　6-36

几十只南美火烈鸟时而独脚而立,时而欢快起跑;还有许多华南珍稀植物种植其中,如图 6-39 所示。室内用仿做的羚羊角交错组成的壁灯,以白虎身上的斑纹设计的印花地毯、以各种动物为题材的雕塑、粗陶艺术品、巨大的鳄鱼、斑马标志等环绕四周,自然美和艺术美交织在一起,令人完全沉浸在一个野生动物的野趣环境之中,如图 6-40 所示。在建筑上,无论是室外、室内,都采用较为接近原始的材料,如当地产的红沙石、板岩、青石板、红砖、陶片、鹅卵石、金丝柚木,还有从废弃的旧船上拆下来的坚实而粗犷并布满钉眼、钉锈的旧木头。铸铁、青铜、石湾粗陶器皿、草编、竹木家具、藤等,室内所见一切都是朴实、原始、自然的质材。

⊕ 图 6-40

大堂、客房、走廊、餐厅等区域的墙面根据不同的区域特性饰以不同的墙身肌理。大堂鳄鱼吧室内(如图 6-42 所示)以粗放来表达表面肌理的美感,如图 6-41 所示。在总统套房里,并没有使用一些奢华的材料,原汁原味的自然材料贯穿始终。

⊕ 图 6-38

⊕ 图 6-41

⊕ 图 6-39

⊕ 图 6-42

6.3　当代中国城市"家装"

随着改革开放的不断深入，人民生活水平有了很大提高，城镇化水平也显著提高，每年全国建成的房屋建筑面积达16亿~19亿平方米；住房分配体制的改革，使老百姓有了房子以后，愿意用自己有限的资金投入到改造家庭居住环境上。种种因素的合力，催生了具有中国特色的住宅装饰装修行业，就是通常所说的家装业。由于市场规模十分庞大，家装业发展迅速，且势头不减，中华大地上升腾起一股前所未有的家庭装修热潮。在四五十年的时间内，中国家庭装修迅速走过了西方国家近百年所经历的路程。在这种特定的历史时期，当代中国的城市家装表现出四种不同的发展阶段。

6.3.1　改革开放初期至20世纪90年代初期

20世纪70年代末80年代初改革开放之风在东南沿海登陆，首先在很多沿海城市掀起新一轮建设热潮，一大批涉外宾馆纷纷建成。这些涉外项目大多是外来投资，在带来了资金的同时，也带来了观念和设计。一大批优秀设计师活跃于中国的大江南北，香港及澳门地区的装饰风格成为那一时期流行的风标，并极大地影响了当时的家庭装修。人们竞相模仿，过度的装饰、繁杂的造型、贵重材料的堆砌，是当时家庭装修的特点。当时为了追求所谓的造型，很多人在家庭装修时甚至不顾建筑的安全性和实用性，大肆拆墙打洞，造成大量浪费，留下很多隐患，如图6-43~图6-45所示。

🌐 图　6-43

🌐 图　6-44

🌐 图　6-45

6.3.2　20世纪90年代中期

20世纪90年代中期，国外大量有关室内设计的图书被引进国内，这些图书较多地展示了最新的国际设计动态，成为大多数设计师的参考资料。加上我国室内设计的升温，一时抄袭风盛行。在这个阶段,我国的室内设计师得到了充分的实践与锻炼,特别是他们经过市场竞争的磨砺洗礼,已经逐步成为中国家装市场的主导。这段时期的城市家装有以下特点。

1. 设计精品较少,趋同趋势明显

由于我国的室内设计起步较晚,20 世纪 80 年代首先在中心城市出现旅游涉外饭店,部分涉外饭店由我国设计师集体参与设计或施工,这对众多的设计师产生了较大影响。其后,全国各地纷纷效仿,建了大量的星级酒店,室内设计师也开始相互学习和借鉴好的设计。模仿先进设计是我国室内设计发展必经的一个过程,但这种模仿蔓延到家庭装修市场时,已形成了抄袭之风,甚至到了东施效颦的地步,之所以出现这种情况,归根结底是设计师的自身素质不高,缺少精益求精的意识,如图 6-46 和图 6-47 所示。

🔅图　6-46

🔅图　6-47

2. 环境整体观念淡薄,缺少创新意识

室内设计虽已经发展为相对独立的学科,但实质上它仍是建筑设计的进一步深化和完善。就室内设计的程序而言,建筑设计与室内设计应同期进行,室内设计的立意、构思和氛围的创造需要着眼于环境整体、建筑功能等多个方面;更应该把空间的精彩之处加以强化,使室内设计成为整体环境的有机组合部分。当时室内设计的通病之一就是不论室外环境如何,其室内大同小异,缺少地方特色,对环境整体缺少深层的了解,尤其对外部环境没有深入研究,从而使设计流于一般化,如图 6-48 和图 6-49 所示。

🔅图　6-48

🔅图　6-49

3. 室内设计深度不够，重视烦琐装饰

纵观全国的室内设计，几乎都成为装饰材料的堆砌，而忽视设计中其他要素的运用。真正好的室内设计是综合手法的表达，设计师应充分调动设计上的各种语言，把握空间、形体、光线和材料等要素，而不应错误地认为只有界面装饰才能表达设计意图。而当时许多室内设计师都把地面拼成各种不同类型的花岗岩图案，把天花板搞得金碧辉煌，不了解室内空间的其他因素；或者每个局部都要进行精雕细刻，不讲空间的过渡，给观者不留一点空白，如图 6-50 所示。

❈ 图 6-51

❈ 图 6-50

4. 片面追求豪华趋向，失去文化品位

商业文化对室内设计的影响，就是普遍存在着追求所谓的豪华、气派的倾向。从酒店到家庭住宅，都存在滥用高档材料的问题。的确，高档材料与高品位的设计结合能产生好的作品，但是如果一味追求豪华，势必走向另一种极端，其结果只能是世俗化。当时的室内设计很少考虑地方特色，更谈不上文化品位，这也与业主以及设计师的文化素质不无关联。大量的抛光花岗岩、金箔漆、不锈钢等充斥各个角落，没有了典雅、亲切、自然之感，如同洛可可的极尽华丽之装饰，因为不锈钢、钛金板代替不了地方文化，只能显示现代工业的成就。再者，居室应该是居住者的个人情趣及个性的真实写照，不应把居室装饰成酒店宾馆风格，那样就失去了家的温馨，如图 6-51 和图 6-52 所示。

❈ 图 6-52

6.3.3 20 世纪 90 年代后期至 21 世纪初

我国经济的持续高速增长给中国的建筑业带来了春天，也为装饰装修造就了一个广阔的市场。随着室内设计文化的传播，以及计算机辅助设计的广泛运用，设计师的实践和锻炼越来越多，我们的室内设计和家庭装修水平的提高已有了一个质的飞跃。

1. 人们认识到"功能重于形式"

随着经济的发展，人们的生活品质不断提高，整个社会对提高建筑与室内设计水平有着强烈的要求。设计水平的提高反映在处理功能与美观技术和文化的综合能力方面，室内设计的功能与美观是

不能割裂的。以解决功能为主的装修是以技术为支持的建筑行为。以愉悦人们视觉为目的并满足人们心理要求的装饰，是建立在美术基础上并以美学法则为根基的艺术实践。近期的家装作品在功能与形式上都有了很大的改观，如图 6-53 和图 6-54 所示。

🎯 图 6-53

🎯 图 6-54

2．强调绿色及健康的生活方式

生活条件的改善使人们更加关注生命及健康，在家庭装修中也更加强调"绿色"与"健康"的生活方式。设计师的主要工作就是创造一个舒适、便捷、安全、健康的人居环境。健康的核心是提升人的生命质量。设计师的职责是创造一个具有文化价值并支持健康生活的人居环境，如图 6-55 和图 6-56 所示。

3．设计要多元化、个性化、人性化

在这个信息化时代，全球一体化不可逆转。有责任感的设计师正认真思索如何对待传承与革新、民族化与现代化、历史文脉与时代精神、全球化与地域化等一系列理论问题。我们的设计要多元化、个性化、人性化，在很多设计师的作品中都可以看到他们的努力和探索，如图 6-57 和图 6-58 所示。

🎯 图 6-55

🎯 图 6-56

🎯 图 6-57

🏮 图 6-59

🏮 图 6-60

🏮 图 6-58

4. 居住形态发生变化

随着社会的发展进步，以及人们生活方式、传统观念的改变，给居住形态带来了很大的变化。四世同堂的生活方式已越来越少，以夫妇二人及孩子为核心的家庭构成居住的主要形态，单亲家庭、单人家庭也被社会所容纳。随着老龄社会的到来，老年人住宅也成为设计师研究的新课题。这种家庭结构及生活方式的变化、审美观的变化，为住宅建筑和家庭装修注入了新的内容与活力。

5. 中国的房地产业开始活跃

人们充分利用市场经济的法则炒作概念，打造样板房，引导消费，吸引消费人群。如 SOHO 这种家庭办公的生活模式是信息化时代的一种新的居住要求，开发商抓住这个契机，邀请国际国内设计大家精心设计，将室内空间灵活划分，为室内功能空间的组合带来了多样性的可能。清新而含蓄的色彩组合，非常现代工业化的家具、灯具，给人耳目一新的感觉。其后推出的"长城脚下的公社"更是轰动一时，如图 6-59 和图 6-60 所示。

6. 人们不再刻意追求风格和形式

其实室内设计就是在设计生活。室内设计首要考虑的是室内空间环境怎样才能满足人们生活和工作的需要，怎样才能使人感到舒适、便捷，怎样才能提高工作效率。设计的内核应该是"人"，而非形式或风格。家庭装修中逐步淡化了设计的形式，让室内空间成为人的生活背景。现在的很多家装作品中，其形式再也不是那么生硬了。

7. 简约主义的设计思潮传入我国

1999 年国际上出现了极少主义或称简约主义，引起了国内设计界的关注。在设计和家装中开始追求简约，改变了建筑装饰中形式主义泛滥的现象，促进了建筑技术的创新和发展，有利于引导大众生活方式和消费意识，提高了整个社会的设计文化水平和审美趣味。简约绝非简单，而是要求提炼——去粗取精，使设计更加精炼。推行简约把设计风格推到了更高的层次，如图 6-61 和图 6-62 所示。

图 6-61

图 6-62

6.3.4 21 世纪与精装修房

从建设部 2002 年出台了《商品住宅装修一次到位的指导意见》，到各地关于"住宅装修一次到位"相关意见的出台，精装修在楼市中的正式推广累计 5 年后已成为房地产商的必修功课。精装修作为住宅产品的一项标准已全面普及，成为无法逆转的趋势。精装修房走俏的背后意味着装饰企业的商机降临。在市场需求的推动下，不少有设计、施工、产品优势的大牌家装公司都"倒向"了高档楼盘，并早已打好与精装修有关的"算盘"，不再局限于与终端消费者打交道，而是开始打听哪些楼盘有精装修房。精装修十分考验企业的设计、施工、产品等整体实力，许多与房地产商打过交道、已经走上集成家居道路的装饰公司纷纷以滚雪球的方式扩建工厂，增加自有产品品类。随着集成家居模式成为"流行"，越来越多的家装企业投资建立配套的工厂，行业两极分化的格局将更为明显。可以预见，

21 世纪中国的城市家庭装修将逐步被精装修房取代。

6.4 当代中国室内装饰及饰品

随着我国室内设计行业的迅速发展，近些年室内装饰和饰品在室内设计中的重要性尤为突出，主要表现在当下室内设计行业十分推崇的"软装饰"，即重装饰、轻装修这个概念上。

6.4.1 室内装饰及饰品的概念和主要内容

"装饰品"也可称为摆设、陈设，俗称软装饰。室内装饰品的种类繁多，从广义上讲，室内空间中除了围护空间的建筑界面以及建筑构件外，一切实用或非实用的可供观赏和装饰摆设的物品都可以作为室内装饰品。根据室内装饰品的性质，可分为四大类。

1. 实用性与观赏性为一体的物品

实用性与观赏性为一体的物品，如家具、家电、器皿、织物等，这类陈设品既有特定的实用价值，又有良好的装饰效果，如图 6-63 和图 6-64 所示。

2. 纯观赏性的物品

纯观赏性的物品，如纯艺术品、部分高档工艺品等。纯观赏性物品不具备使用功能，仅作为观赏用，它们或具有审美和装饰的作用，或具有文化和历史的意义。

图 6-63

图 6-64

3．因时空的改变而发生功能改变的物品

这是指那些原先仅有使用功能的物品，但随着时间的推移或地域的变迁，这些物品的使用功能已丧失，同时它们的审美和文化的价值得到了升值，因此成为珍贵的装饰陈设品。如远古时代的器皿、服饰甚至建筑构件等，又如异国他乡的普通物品，都可以成为极有意义的陈设品，如图 6-65 和图 6-66 所示。

图 6-65

图 6-66

4．原先无审美功能而经过艺术处理后成为陈设品的物品

原先无审美功能而经过艺术处理后成为陈设品的物品可分为两类：一类是原先仅有使用功能的物品，将它们按照形式美的法则进行组织构图，就可以构成优美的装饰图案；另一类是那些既无观赏性，又没有使用价值的物品，经过艺术加工、组织、布置后，就可以成为很好的陈设品，如图 6-67 和图 6-68 所示。

图 6-67

图 6-68

6.4.2 室内装饰设计的作用

室内装饰设计对于改善、优化室内环境和提升整个室内设计的品位格调具有非常重要的作用。具体体现在以下方面。

1. 改善空间的形态，柔化室内环境

有些建筑以密集的钢架、成片的玻璃幕墙、光亮的金属板材充斥了室内空间，这些材料所表现出的生硬、冰冷的质感，使人们对空间产生了疏离感。而装饰品中的绿色植物、织物、艺术品等都能够以其靓丽的色彩、生动的形态、无限的趣味，有效地改善室内的空间形态。而丰富多彩的室内装饰品可以明显地柔化空间感觉，同时也给室内空间带来一派生机，如图6-69和图6-70所示。

图 6-70

图 6-71

图 6-69

2. 强化室内空间的风格

室内空间可有各种不同的风格。装饰品的合理选择和布置对于室内空间风格的形成具有非常积极的影响，这是因为装饰品的品种、造型、色彩、质感等都具有明显的风格特征，它对构成室内空间的风格无疑起到强化的作用，如图6-71和图6-72所示。

图 6-72

3. 调节室内环境的色调

陈设品可以有效调节室内环境色调。这是因为在室内环境中陈设品大多占有较大的空间，所以它是室内环境色调构成的重要因素。另外，由于多数陈设品的色彩艳丽，因而成为室内环境色调中的"亮点"，如图6-73所示。

🔵 图 6-73

4. 体现室内环境的地方特色和历史文化

许多装饰品的内容、形式、风格体现了地域文化的特征。装饰品的风格反映了各历史时期的审美取向，正如汉代喜欢雄壮、刚劲，唐代注重端庄、丰满，宋代追求简约、秀丽，而清代则趋于华美、烦琐。正确选择不同历史时期的装饰品，可以恰如其分地表现不同历史时期室内的风格特征，如图 6-74 所示。

🔵 图 6-74

5. 表述个人的喜好并能提升室内环境的情趣格调

装饰的设计反映了设计者或业主的审美取向，特别是对装饰品的选择更是明显地表现出选择者的个性、爱好、文化修养，甚至是年龄大小和职业特点。另外，在室内环境中布置出造型优美、格调高雅、工艺精致，特别是具有文化内涵的装饰品，还可以提升不同室内环境的情趣格调，如图 6-75 所示。

🔵 图 6-75

总之，室内装饰设计是室内设计中必不可少的内容。室内装饰品所具有的形态、形式、文化内涵、历史意义以及审美情趣，使它们在室内空间中形成一个个犹如乐曲中的"华彩章"。这些"华彩章"是视觉悦目之处，情趣精彩之处，空间高潮之处，少了这些"华彩章"，室内空间就缺少了闪光点。

6.5 当代中国"室内风水"略说

什么是风水？风水也叫"堪舆"。我国早在先秦时期就有相宅活动，春秋时，《尚书》中有"成王在丰，欲宅邑，使召公先相宅"的记载。至汉朝，司马迁的《史记》中也有"孝武帝时聚会占家问之，某日可取乎？……堪舆家曰不可"的记载。概括地说，风水学就是人对环境的优选学，是我国古代建筑的灵魂，是从古代沿袭至今的一种文化现象，也是一种广泛流传的民俗，或是一种有关环境与人的学问，或是一种理论与实践的综合体。它是古代先哲们研究天文、地理与人类休养生息的一门学问，其核心是气场的优选和优化组合。当代堪舆风水学加入了环境哲学、环境经济学、建筑环境景观方法、生态修复技术、环境生态科学因素。现在风水学方面还存在很多争议。属于中国传统文化领域的古代建筑风水学,由于时代与历史的局限,必然有许多虚幻不实的成分。取其精华,去其糟粕,并用当代的语言与科学的理念去阐释传统的思想,以便更好地服务于社会,这是从事中国传统文化与现代建筑学的专家学者共同面临的一个重大任务。首先,要跳出传统风水学中"玄之又玄"的语言怪圈,用浅显易懂的现代表达手段,让更多的人了解风水学的精义及现代价值。其次,应适应当代科学技术的发展,善于将最新的科技成果当作"点金石",去点化传统风水学,使其脱胎换骨,在新的历史条件下将传统风水学的精华发扬光大。2004 年,国家住宅与居住环境工程中心在《健康住宅技术要点(2004 年修订版)》中指出:"住宅风水作为一项文化遗产,对人们的意识和行为有深远的影响。它既含有科学的成分,又含有迷信的成分。"2005 年 8 月,建设部中国建筑文化中心下发了一份《关于成立风水文化专家委员会的通知》中指出:"建筑风水文化是中国传统建筑文化的重要组成部分,它所强调的和谐、循环、平衡等观点,对于我们今天建立循环经济和可持续发展战略具有现实的参考价值。"

我们暂时抛开学术界的争议,对目前比较流行的室内风水说法做一些分析探讨。

1. 门应由左边开

所谓左青龙右白虎,青龙在左宜动,白虎在右宜静,所以全部的门应从左开为吉,也就是说人由里向外,门把宜设在左侧,如图 6-76 所示。风水学中认为,开门如左右颠倒,容易导致家庭纷争。

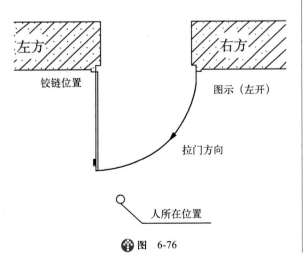

图 6-76

2. 大门与客厅应设玄关

风水要诀:"喜回旋,忌直冲。"大门与客厅设置玄关或矮柜遮挡,使内外有所缓冲,理气得以回旋后聚集于客厅,住宅内部也得到隐蔽,外边不易窥探,如图 6-77 所示。

图 6-77

3. 卧房白天应明亮、晚间应昏暗

卧房应设有窗户,除了空气得以流通,白天更可以采光,使人精神畅快;晚间窗户应备有窗帘,挡住户外夜光,使人容易入眠,如图 6-78 所示。

图 6-78

4. 卧房门不可对大门

卧房为休息的地方,需要安静、隐秘;大门为家人、朋友进出必经的地方,所以卧房门对大门不

符合卧房安静的条件。风水学认为，大门直冲卧房门容易影响健康和财运，如图6-79所示。

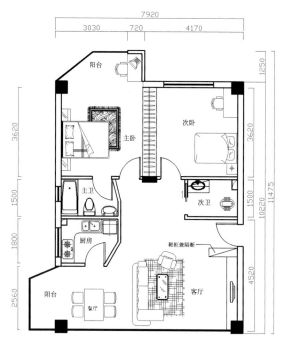

图 6-79

5. 卧房门不可正对厕所

厕所是供人排泄的地方，容易产生秽气和湿气，所以正对卧房门会对卧房的空气产生影响，对人的身体健康有害，如图6-80所示。

图 6-80

6. 卧房门不可正对厨房或和厨房相邻

厨房炉火煎炒、排出油烟，容易影响正对的卧房门，危害人体健康，并且使工作表现不稳定。厨房是生火之处，甚为燥热，所以也不宜与卧房相邻，尤

其是睡床不能紧贴炉灶的墙。

7. 床头不可在横梁下

天花板宜平坦，忌有横梁。横梁在心理上容易产生重体的感觉，尤其人若睡在横梁之下会感受到莫大的压力，造成精神上的压迫，影响健康、事业，如图6-81所示。

图 6-81

8. 入厨房不可直接见炉灶

炉灶为一家三餐的餐饮来源，风水学强调"食者，禄也"，也就是说炉灶是一家财富所在。炉灶忌风，因为风来，火容易熄灭，留不住财气，所以正对门口或是背对窗户皆不宜，否则容易导致财务困难，如图6-82所示。

图 6-82

9. 炉灶不可直接与水槽相邻

炉灶生火用于烹饪，水槽用于蓄水、洗碗，两者不宜相连，中间应有料理台隔开，以免水火相冲，如图6-83所示。

图 6-83

通过上面的解说和图例,实际上现代人可以把风水看作地理学、地质学、星象学、气象学、景观学、建筑学、生态学以及人体生命信息学等多种学科综合一体的一门自然科学。在某些方面有其积极的一面,其宗旨是审慎周密地考察,了解自然环境,顺应自然,有节制地利用和改造自然,从而创造出良好的居住与生存环境。

6.6 民族地区的室内设计

中国有 55 个少数民族,按各民族主要分布的范围可以分为三大类:第一类是华南、华东、中南、西南地区,这一类的民居多属干栏式住房。第二类是东北、华北、西北地区,这一类的民居多是由穴居和牧区、林区毡房发展变化的住房。第三类是高原雪域,即滇北、川西和青藏高原等地区,那里的民居既受北方游牧民族民居的影响,又受南方干栏式住房的启发,更有适应当地特殊自然条件的创造。有代表性的说明如下。

1. 壮族住宅

壮族称居住的房屋为干栏,这种住房形式宜于潮湿多雨、夏日酷热、地势不平的南方山坡地。广西的瑶、苗、侗诸族,也有一部分人家居住干栏,但壮族的干栏建筑较有代表性。壮族的干栏建筑规模视其家庭人口多少和富裕情况而定,一幢三五间较普遍。房屋一般为三层,上层放杂物或粮食,中层住人,下层圈放牲畜家禽。中屋正中间为厅堂,前后左右分设房间,房间开窗,通风明亮,居住舒适。厅后为火塘,以泥筑成,煮食、取暖用。正厅两侧,无论三间五间,均以木板或竹片为壁隔离,木

板还雕刻着花鸟虫鱼之类的画图;木板竹片是活动的,遇上喜庆婚嫁,可以撤开并摆桌设席。房屋的前面或后面建有晒台,用来晾晒物品和纳凉;从地面进入中层住人房间的大门,用方块石条砌成一级一级而上的阶梯。壮族的这种房屋建筑大多建在村寨的山腰,层层叠叠,鳞次栉比,十分壮观,如图 6-84 所示。

图 6-84

2. 苗族住宅

苗族分布地区广泛,支系繁多,各地苗族居住建筑也多有变化,主要有以下四种。

(1) 村寨。苗族一般都是住在靠山近水的坡地,或者河谷旷野之中,组成一个个的村落,周围有层层梯田和山林。通常都是同一个家族、同一种服饰的人家聚居在一起;同宗兄弟住在近邻的几个村寨,每个自然村少则几十户,多则几百上千户。

(2) 吊脚楼。房屋朝外的一面是吊脚。这种吊脚楼均为三层。楼下底层一般作牛栏、猪圈,或者存放柴火等杂物;中层住人,开间与平房相同,多了一个较宽的走廊,走廊的外沿有供人坐的木板和数十根弯曲的木条栏杆,这是姑娘绣花织布或者家人劳动之余乘凉和休息的地方,如图 6-85所示。

(3) 平房。为木质穿斗结构的传统建筑。建房前,先由木工挑选粗而直的木料作为房柱。用枫木作第一个中柱,中柱一般为 5 ~ 7 米高。房顶为人字形。房屋通常是三间正房,分上下两层,每间宽约 4 米,中间正房为堂屋。

🌐 图 6-85

（4）其他的苗族民居建筑。云南昭通地区的苗族住"杈杈房"，即用几根木杆交叉搭架，再盖以茅草，用竹片围住后再涂泥土。

3．回族住宅

回族不仅在居住区域上有自己的特点，而且在住宅的造型、结构、设施及其他方面也有自己的习俗。回族的住宅有三种类型。第一种：陕西、甘肃、宁夏、青海、内蒙古、河南、河北等山区的回族居民，因本地林木少，经济基础薄弱，大多住简陋的窑洞。第二种：根据地势较平坦的川、坝、塬、台、平川的地形特征和缺钱少木材的自然经济条件，利用地面空间，用土坯和黄草泥垒窑洞，回族居民叫箍窑。箍窑一般并排修三五孔，其外形独特、美观，采光较好，冬暖夏凉，如图6-86所示。第三种：根据地形特点和经济条件，建造上栋下宇的房屋，如图6-87所示。回族居民盖房不盖

🌐 图 6-87

则已，要盖则比较讲究，要一"松"到底的木料，即松柱、松梁、松檩、松椽，连门窗也是松木的。由于受阿拉伯地区风俗的影响，回族还喜爱熏香，一般家庭都备有香案和香炉，每当打扫完室内卫生后，都要燃上几炷香，使室内空气更加清新，给人以清爽舒适之感。

4．蒙古族住宅

蒙古包，蒙古语称"蒙古勒格日"，意为蒙古房子，蒙古包或称穹庐、毡帐。"穹庐"满语意思是"蒙古博"，俗读"博"为"包"，汉语既是音译，又是意译。蒙古包一般以圆形为总风格，无棱无角，呈流线型。包顶为拱形，其承受力最强；包身近似圆柱形，上下形成一个强固的整体，如图6-88所示。搭盖坚固的蒙古包主要由架木、顶毡（覆盖物）、绳带三大部分组成，可以经受冬春的十级大风。由于包顶是圆的，存不住水，下雨落雪的时候，把蒙古包的顶毡盖上，它就形成了一个球状封闭体，再大的雨水也不会漏进包里，如图6-89所示。

🌐 图 6-86

🌐 图 6-88

图 6-89

6.7 中国香港和台湾地区的室内设计

中国香港和台湾地区由于区位特点,这些地区的室内设计也紧随着国际潮流而发展进步,涌现出一批在国际上具有影响力的优秀设计师和优秀作品。

1. 梁志天

梁志天在1999—2001年连续三年被素有室内设计奥斯卡之称的Andrew Martin Intenational Award评为全球著名室内设计师之一。后来,梁志天更以香港薄扶林道宝翠园私人会所夺得"2002亚太区室内设计大奖私人会所类别组冠军"(如图6-90所示),又以香港山顶加列山道的Chelsea Court、深圳观澜豪园(如图6-91所示)等多个住宅设计专案获得香港设计师协会设

图 6-90

计2002展优异奖。他的设计一直以简约风格见称,致力于完美的空间运用、材料选择、颜色搭配、适当的比例和光线配合,从而达到简洁自然的目的。在构思设计方向时,他认为设计应该能够体现居住者的个人性格、生活习惯及文化背景,切勿跟着潮流走。可以说,"简约自然""以人为本"正是梁志天秉承的设计意念。

图 6-91

2. 张智强

张智强的建筑及室内设计作品曾获国际、亚太区及中国香港地区的若干奖项,比如,1985年获国际建筑设计比赛冠军并在第十七届米兰建筑展中展览,1990年获得东京第二十五届CENTRAL GLASS国际建筑设计比赛第二名,1996年荣获中国香港青年建筑师奖及中国香港建筑师学会年奖——会长杯奖,2002年获意大利Vicenza国际建筑比赛冠军,2002年度获亚太区室内设计大奖冠军,2003年度获设计比赛奖优异奖。长城脚下的公社中的"箱宅"是张智强最为著名的建筑设计,他将香港的空间经验引入,并因多变、潜藏的灵活设计而具有前瞻性和实验性。这个位于长城脚下的公社入口处的房子的外形像一个货柜,背靠陡峭的山坡,室内表面空空如也,其实客厅、餐厅、桑拿房、厨房等都埋在活动地板下,揭开木板后,即创造了另一个新鲜的空间。该空间没有明确的功能分区,可以随意组合使用。在目前日益狭隘刻板的城市生活空间困扰中,这是一种由复杂化变为简单化的设计,如图6-92和图6-93所示。

图 6-92

图 6-94

图 6-93

图 6-95

3. 黄志达

　　黄志达出生于中国香港地区，毕业于香港理工大学设计系室内设计专业，获得了美国威斯康星州国际大学建筑学士学位，目前是香港著名室内设计师。其设计的作品多次获得国际国内设计大奖，设计风格风靡整个亚太地区。1996 年他开始开展个人的设计事业，创立泓华隆室内设计（香港）有限公司，成为香港地区设计行业的旗舰品牌，并于 2006 年将公司更名为黄志达设计顾问（香港）有限公司。在室内设计方面，黄志达在进行空间设计时权衡实际环境及用途，兼顾视觉和工程技术方面的效果，还包括声、光、热等物理环境以及氛围、意境等心理环境和文化内涵等内容。其设计简约与华丽并重，突出空间的实用率，将整体气氛发挥得淋漓尽致。其设计善于融合西方理性结构与东方文化，以迥异多变的设计风格诠释富有生命力的空间设计，如他设计的浙江水木清华别墅如图 6-94 和图 6-95 所示。

4. 何周礼

　　何周礼素来被誉为香港同辈中最具影响力的建筑设计师。他毕业于香港大学建筑系，获建筑学硕士及硕士论文大奖，并获建筑学一级荣誉学士。同时于香港理工大学设计系获室内设计学士及设计文凭。1999 年 5 月创立何周礼建筑设计事务所。曾多次被邀请担任国际论坛及研讨会的主讲嘉宾，是香港贸易发展局专业服务推广委员会委员，以及香港设计中心董事会副主席，现为香港室内设计协会会长。他擅长将传统文化与现代元素融合，并以独特手法在作品中重新演绎东方文化而受到广泛认同。1999 年开始，何周礼在自己的建筑设计事务所中醉心研究"东方哲学"在设计中的运用，历经四年，终于推出了"明 2002 系列"，并创办了周礼轩与周礼轩—别馆（兰桂芳），在国内外大力推扬中国明式家具当代化的理念。此后，何周礼还将东方哲学理念更多地运用在空间设计和产品设计中，并获得各项大奖，如图 6-96 和图 6-97 所示。

🌀 图　6-96

🌀 图　6-97

5. 高文安

高文安于 1943 年出生于上海，中国香港著名室内设计师。在 20 年的工作经验中，设计过千件的个案，其中有住宅、办公室、精品店、展示场、百货公司、迪斯科舞厅等，具体包括香港中艺百货公司、华润百货、永安百货、广东迪斯科舞厅、香港红勘体育馆演唱会舞台设计、上海滩、香港沙田赛马会所的百骏厅、圣安娜连锁西饼店、高级时装店、高级时装及化妆品专店、高级男服店 CERRATI 1881，高级食品店如半岛酒店的嘉麟楼、丽嘉酒店的中菜厅和丽嘉轩、稻菊日本料理、秦皇等林林总总，获得外界及媒体的一致好评。在家居设计

方面，为无数名人富商的府第设计寓所，更为房地产开发商设计样板房，如海怡半岛、丽港城、城市花园等。

高文安的设计糅合了中西方文化，将中国文化渗入室内环境中，拼凑出具有独特风格的设计作品。高文安并不太提倡过于新潮的设计，而会在设计中运用一些传统文化的元素，并重视古文化的设计元素。他认为古代建筑不会因年代久远而失色，甚至没有地域的限制；古旧并不等于老土，传统的东西反而是越陈旧越淳厚，越能引起思考。很多时候他提倡一种"亚洲风情"，这里不但有中国的艺术特色，也有印度、尼泊尔、马来西亚、泰国的艺术特色，利用这些极具地方文化特色的摆设、家具加以点缀，常会给人带来惊喜。每做一个设计，他都会亲自到各地挑选自己认为合适的饰品。为了满足创作上及技术上的好奇心，高文安经常游历世界各地，力求设计出自然的建筑并能与环境融合起来，如图 6-98 和图 6-99 所示。

🌀 图　6-98

🌀 图　6-99

6. 登琨艳

登琨艳为上海大样建筑设计工作室创始人,目前专注于规划建筑室内景观公共艺术设计工作。1951年生于中国台北,屏东农专农艺科毕业,东海大学建筑系旁听两年,师从著名建筑师汉宝德先生,从事建筑设计工作多年。1985年,他成立了自己的设计工作室,先后设计的"旧情绵绵咖啡厅"和"现代启示录啤酒馆"频获大奖,引领了中国台湾地区后现代都市生活空间革命。他1990年年初来到上海。1998年,他在苏州河岸边租下一幢老仓库,创造性地改造为自己的设计室,是第一位将"艺术仓库"的文化理念引进中国文化圈的设计师,由此而成为发掘并改造上海旧建筑并进行保护和利用的典范,大大推动了市政府对苏州河岸老建筑的保护工作,并因此获得联合国教科文组织颁发的"亚太文化遗产保护奖"。随后他又在杨浦区黄浦江岸边创办亚太工业创意园区,开启上海创意产业文化的先河,掀起了旧上海艺术仓库的热潮。他的作品丰富有趣,既来自于他对当前时尚的剖析与把握,同样也来自于他对传统文化的思索与理解,如图6-100和图6-101所示。

🌐 图 6-100

🌐 图 6-101

6.8 中国奥运项目的室内设计

2008年8月我国举办了举世瞩目的第29届奥林匹克运动会。为了成功举办这届奥运会,共新建体育场馆12个,改扩建场馆11个,临建场馆8个。在此介绍其中几个极具代表性的新建场馆。

1. 国家体育馆:设计灵感源自中国折扇的现代化场馆

国家体育馆位于奥林匹克公园中心区的南部,与"鸟巢""水立方"和国家会议中心比邻而居。国家体育馆由主体建筑和与之相连的热身馆以及室外环境组成,比赛时可容纳观众约1.8万人。由于比赛场馆和场馆对空间高度的要求不同,国家体育馆以中国"折扇"为设计灵感,采取由南向北的波浪式造型,屋面轻盈而富于动感。这种波浪造型也巧妙地连接了与之南北相应的平顶造型"水立方"和单曲面造型的国家会议中心,使得奥林匹克公园内的城市景观达到协调统一,如图6-102所示。

🌐 图 6-102

九层复合设计清除噪声,提升声学品质。在清除噪声方面,国家体育馆采用国内比较罕见的9层多功能金属复合材料的夹层设计,厚25厘米,由水泥板、玻璃棉、防水层、吸隔声材料组成,并在最外层喷涂吸音材料,最大限度地减少屋外噪声的影响,解决了目前大多数体育建筑普遍存在的屋面雨点噪声问题,减少对体育馆正常的干扰。同时,场馆四周的玻璃幕墙采用了中空 LOW-E 玻璃和金属板组合的形式,全部采用双层玻璃。双层玻璃间的空隙充有氧气,既起到了良好的保温隔热作用,也有效地降低了噪声影响。此外,场馆内的空调和制冷设备也进行了专门的消声减噪设计,最大限度地为观众创造一个宁静舒适的观赛环境。即使室外倾盆大雨,室内也不会听到任何噪声,提高了体育馆的声学设计品质,解决了大多数体育建筑普遍存在的屋面雨点噪声问题,如图6-103所示。

图 6-104

2. 国家射击馆

由国家体育总局承建的北京射击馆是集训练与比赛于一体的体育场馆。它位于石景山区,建筑面积45645平方米,赛时设置观众座席9000席,是第29届奥运会除飞碟以外11个射击项目的比赛场馆。由于对射击项目的深刻理解,北京射击馆建筑形体构思取意射击运动起源于林中狩猎的渊源,在建筑形式上能够呼应出森林原始狩猎工具——弓箭的建筑意向,如图6-105所示。在面向南侧广场的建筑幕墙外侧,设计采用了木纹铝合金的竖向遮阳百叶,这样百叶模拟自然的肌理变化,形成抽象的森林意向,与林中射击主题相呼应,如图6-106所示。

图 6-103

国家体育馆的水源热泵技术也是充分利用了可再生能源。工程设有5台HD660B型水源热泵机组,机组主要在夏季比赛时为观众区进行散热,在冬季大型比赛、集会时进行内区供暖,平时进行冬季采暖(兼做值班采暖),并为生活热水提供热源,满足夏季奥运赛时空调热负荷及赛后馆内各种活动的需要。国家体育馆充分利用自然通风和采光,并用可开启式外窗排风,外门补风加强了空气流动,让运动员和观众都可以享受舒适的赛事环境,如图6-104所示。

图 6-105

(1)首创国内半封闭、半开敞、全空调比赛空间。射击运动员比赛时所穿的比赛服比较厚重,在夏天比赛,运动员往往要忍受酷热。北京射击馆资格赛馆通过立体化的空间气流组织,在保证与室外直接相通的前提下,实现了室内部分的全空调环境,为运动员发挥成绩创造了良好条件。

图　6-106

射击馆室内空间与室外空间被一道看不见、摸不着的"空气墙"隔开。这道墙被专业人员称为"风幕"。"风幕"自上而下，立体流动，既不让室外的热空气溜进馆内，也不会让室内的冷空气溜走。"风幕"的存在不会对运动员的比赛造成影响。由于采用了半封闭、半开敞的设计，房屋高度、结构设计合理，尽可能采用自然光照明，使射击馆在白天不开灯也能比较明亮，平时运动员训练可以不用开灯。达到了非常好的节能减耗的效果，如图 6-107 和图 6-108 所示。

图　6-107

图　6-108

北京射击馆资格赛馆和决赛馆中，固定座席和临时座席都被设计为完整的区域。当大型赛事结束后，轻型钢结构的临时座席可以被整体拆除，从而获得完整的大空间，可进行多种可能的、灵活的功能改造，如图 6-109 所示。

图　6-109

（2）神奇预应力为运动员创造良好的比赛环境。射击比赛需要比赛场地面不能有明显震动，否则会影响运动员的临场发挥。以往大多数射击比赛都在一层地面进行，因此，震动对运动员的干扰很小。而北京射击馆采用了并不多见的多层建筑，高层减震就显得尤为重要。北京射击馆资格赛馆二层比赛区域采用了目前为止国内同类结构中最大跨度的单向预应力空心楼板，厚度为 70 厘米。这一技术不仅成功地实现了大跨度室内无柱比赛场地，还赋予了场馆楼板非常良好的防震动效果，如图 6-110 所示。

⊕ 图　6-110

（3）隔音材料使屋外下雨而室内无声。噪声是另一个影响射击比赛成绩的不利因素,为了降低噪声,设计师为射击馆做了全方位的隔声设计。为防止长距离声反射引起的回声,给观众提供良好的听觉条件,场馆重点采取隔声、吸声、消声等措施,减少设备噪声对比赛厅可能产生的影响。射击馆设备间的楼板采用浮筑楼板,防止固体声的传播;设备间墙体采用双面双层轻钢龙骨石膏板隔墙,内填空腔和吸声材料,能够隔绝噪声达到 53 分贝;设备间的门窗均采用隔声门和隔声窗,即使屋外下大雨,观众在室内也听不到。

此外,射击馆外墙所采用的清水混凝土板设计也能起到隔声隔热作用。射击馆外墙采用的预制清水混凝土外挂板是奥运工程同类项目中最先采用的外墙装饰做法,该系统在建筑结构体预留结构挂件,围护墙体表面粘贴保温板,再在外侧使用预制混凝土挂板。由于在挂板与保温层之间能够形成约 40 厘米厚的空气间层,有利于墙体保温与隔声。尤其针对射击运动存在一定程度噪声的情况,容重较大的混凝土挂板能够起到较好的隔声作用,清水混凝土朴素自然的质感也可以很好地让场馆贴近射击运动应回归自然的主题。

思考题
当代中国室内设计的特点及代表作品有哪些?

第6章　当代中国的室内设计

139

第7章 绿色设计——当代室内设计前瞻

本章要点

绿色设计（green design）作为一种广泛的设计概念，最早出现于20世纪80年代。绿色设计反映了人们对于现代科技文化所引起的环境及生态破坏的反思。所谓"室内绿色设计"，是指能给人们提供环保、节能、安全、健康、方便、舒适的室内生活空间的一种设计。

与绿色设计相接近的名词还有生态设计（ecological design）、环境设计（design for environment）、生命周期设计（life cycle design）或环境意识设计（environment conscious）。绿色设计反映了人们对于现代科技文化所引起的环境及生态破坏的反思。绿色设计就是在设计阶段将环境因素和预防污染的措施纳入产品设计中，将环境性能作为产品的设计目标和出发点，力求使产品对环境的影响最小。

对绿色设计产生直接影响的是美国设计理论家维克多·帕帕奈克（Victor Papanek）。他的专著《为了真实的世界而设计——人类生态学和社会变化》（1971）和《绿色当头：为了真实世界的自然设计》（1995）为绿色设计思想的发展做出了划时代的贡献。他强调设计工作的社会及伦理价值，他认为，设计的最大作用并不是创造商业价值，也不是包装和风格方面的竞争，而是创设一种适当的社会变革过程中的元素。他同时强调设计应该认真对待有限的地球资源的使用问题，并为保护地球的环境服务。对于他的观点，当时能理解的人并不多。但是，自从20世纪70年代"能源危机"爆发以来，他的"有限资源论"才得到人们的普遍认可，绿色设计也得到了越来越多人的关注和认同。

7.1 什么是室内绿色设计

近些年来，工业高速发展带来经济发达和社会繁荣，同时导致世界范围内自然环境和生态平衡的破坏：人满为患，地球变暖，臭氧层被破坏，热带雨林减少，土壤侵蚀沙化，环境污染，一些生物濒临灭绝等，人类与其生存空间的矛盾日益突出。从世界范围看，20世纪七八十年代人类"环境意识"开始觉醒，"环境设计"概念崛起，由此人类提出与地球可持续发展的战略。住在城市水泥"方盒子"中的人们向往自然，提倡绿色食品，喝天然饮料，用自然材料，渴望住在大自然绿色环境中……这种回归自然的"绿色"趋势，反映在室内设计活动中可称为室内"绿色设计"。

所谓室内"绿色设计"，是指能给人们提供一个环保、节能、安全、健康、方便、舒适的室内生活空间的设计，如室内布局、空间尺度、装饰材料、照明条件、色彩配置等都可以满足居住者生理、心理、卫生等方面的要求，并且能充分利用能源，极大地减少污染等。室内设计是连接精神文明与物质文明的桥梁。人类寄希望于通过设计来改善人类自身的生存环境。室内"绿色设计"不仅是一种技术层面的考虑，更重要的是一种观念上的变革，它要求设计师放弃那种过分强调在室内表现上标新立异的做法，而将重点放在真正意义的创新上面，以一种更为负责的方法去创造室内空间装修的构成形态、存在方式，用更简洁、长久的造型尽可能地延长其使用寿命。它与城市规划设计、建筑设计一样，其总目标是人与自然和谐共存，人类与地球可持续发展，设计具有高科技加情感的特征。具体到家庭装修中"绿色设计"的问题表现，如充分利用阳光，有利于创造明窗净几的气氛，还有利于紫外线消毒杀菌。保证顺畅通风，可摄取新鲜空气；还可以借进室外景观。有的家居在装修时，忽略了通风采光的问题，把窗帘设置得比较封闭，致使室内幽暗气闷，令人感到十分压抑；还有的把暖气罩设计得不够通透，造成气流受阻，既影响了取暖效果，又损失了能源；也有的家庭装修在顶部灯具的选择上，常将注意力单纯地集中在美观上，忽略了照明的光效，极易造成电能的浪费。

7.2　怎样进行绿色设计

1．选用低能耗、少污染的环保材料

绿色设计中很重要的一点是节能降耗的设计。要减少能源需求，可以通过减少实际应用能源消耗和减少待机能源消耗来实现。材料的选择是绿色设计的关键。绿色材料是指在满足一般功能要求的前提下，具有良好的环境兼容性的材料。一般情况下，设计师应优先选用可再生材料及回收材料，并且尽量选用低能耗、少污染的材料；环境兼容性好也是绿色材料需要注意的地方；有毒、有害和有辐射性的材料必须避免；所用材料应易于再利用、回收、再制造或易于降解。

2．运用人体工程学进行室内空间设计

室内设计是建筑内部空间的环境设计。根据空间使用性质和所处环境，运用物质技术手段，创造出功能合理、舒适美观、符合人的生理和心理要求的理想场所。室内设计的实质归根结底就是空间设计。因此，建筑室内设计实际上可以说是空间尺度、布局的设计与空间的渲染问题。了解人与空间的相互关系，对于合理设计室内空间是非常必要的，否则设计出的空间会给用户带来不便和心理压抑，影响工作和休息的质量以及效率。

从室内设计的角度来说，人体工程学的主要功用是研究人体活动与空间条件之间正确、合理的关系，以获得最高的生活机能效率。

从广泛的含义来讲，室内设计包含了诸如人的生理、心理要素的人体工程学内容。例如，视觉、听觉、触觉、温度和湿度明显影响人的行为，人的受教育程度、饮食习惯等因素也是如此。

从涉及具体的设计含义来看，卧室、客厅、厨房、卫生间、书房等特定场所的家具、陈设、灯具的造型设计及布置，都需要设计师运用人体工程学的内容进行综合的考虑。可以说，人体工程学的应用在室内设计中占有重要地位，它对室内设计师具有很大的实用参考价值。

7.3　室内绿色设计的手法

（1）室内设计室外化。住在城市水泥"方盒子"中的人们向往自然，并渴望住在大自然绿色环境中。设计师通过设计把室内做得如同室外一般，把自然引进室内，这种设计手法称为室内设计室外化，如图7-1和图7-2所示。阳台犹如一个美丽的空中花园，石材、木头、水、植物、鱼和光等元素将生活情趣延伸到室外，将园林与室内环境完美结合，是一个很有特色的室内园林案例，是"室内环境室外化"的完美体现。

图　7-1

图　7-3

图　7-2

（2）通过建筑设计或改造建筑设计使室内外通透；或打开部分墙面，使室内外一体化，创造出开敞的流动空间，让居住者更多地获得阳光、新鲜空气和景色。由于建筑结构和材料技术的进步，将巨大屋盖移动的建筑设计已经出现，室内外就完全连成一体了，如图7-3所示。

（3）在城市住宅中，甚至餐饮商业服务的内部空间，也追求田园风味。通过设计营造农家田园的朴实无华、实用舒适的气氛，并在室内设计中运用有生命的造型艺术，比如室内绿化盆栽、盆景、水景、插花等景观，来获得小中见大、咫尺千里、移天缩地的对自然的感受，如图7-4所示。

图　7-4

（4）用绘画手段在室内创造出山水、绿化景观，室内风景壁画、植物花卉、云天水色等，既有把大自然引进室内的效果，又增加了室内艺术氛围，如图7-5和图7-6所示。

（5）运用室内造园手法，如四季厅，可在共享空间中营造较大型自然景观的庭院设计，这些全天候的花园受到人们的欢迎，如图7-7所示。

图 7-5

图 7-6

（6）在室内设计中强调自然材质肌理的应用，让入住者感知自然材质，回归原始和自然。如设计师大胆地、原封不动地表露水泥表面、木材质地、金属材质等，着意显示素材肌理和本来面目，使生活在城市中的人们所具有的潜在的怀乡、回归自然的情绪得到补偿，如图 7-8 和图 7-9 所示。

图 7-8

图 7-7

图 7-9

（7）在室内环境创造中采用模拟大自然声音效果、气味效果的手法，如花香鸟语、风声浪涛等动态环境效果，让人们在室内就能获得进入大自然的嗅觉、听觉感受，科技的高度发展为设计创造提供了实现的可能性，如图7-10和图7-11所示。

图　7-10

图　7-11

（8）环境是生态学的范畴，人类设计创造活动应符合生态学的要求。在这一人与地球可持续发展的战略思想指导下，生态设计和研究备受重视。节能问题始终是一个较有挑战性的课题，如何利用自然能源及减少能源的消耗，也是室内设计师面临的重大课题。传统的生态建筑，如"黄土窑洞"的穴居形式、"构木为巢"的巢居形式等将再度成为建筑、室内设计的研究和设计方向，如图7-12所示。

图　7-12

7.4　室内绿色设计应遵循的三点原则

室内绿色设计有别于以往形形色色的各种设计思潮，更不同于以人们的需求为目的而凌驾于环境之上的传统室内设计理念和模式。其设计原则可遵循以下三点。

1. 强调适度消费

在商品经济中，通过室内装饰而创造的人工环境是一种消费，而且是人类居住消费中的重要内容。尽管室内绿色设计把创造舒适优美的人居环境作为目标，但与以往不同的是，室内绿色设计倡导适度消费思想，倡导节约型的生活方式，不赞成室内装饰中的豪华和奢侈铺张。把生产和消费维持在资源和环境的承受能力范围之内，保证发展的可持续性，这体现了一种崭新的生态观、文化观和价值观。

2. 体现生态美学

生态美学是美学的一个新发展，其在传统审美内容中增加了生态因素。生态美学是一种和谐有机的美。在室内环境创造中,它强调自然生态美,欣赏质朴、简洁而不刻意雕琢。它同时强调人类在遵循生态规律和美的法则前提下,运用科技手段加工改造自然,创造人工生态美。它欣赏人工创造出的室内绿色景观与自然的融合,它所带给人们的不是一时的视觉震惊,而是持久的精神愉悦,因此,生态美更是一种意境层次的美。

3．低消耗和再利用

室内绿色设计强调在室内环境的建造、使用和更新过程中对常规能源与不可再生资源的节约和回收利用,对可再生资源也要尽量低消耗使用。在室内生态设计中实行资源的循环利用,这是现代建筑能得以持续发展的基本手段,也是室内绿色设计的基本特征。

7.5 国内外绿色设计的探索及发展趋势

随着世界环境污染的日益严重,各种生态环保建筑在世界各地应运而生。

1．生态墙

在巴西的里约热内卢城内,有一种用绿草"筑"成的生态墙。墙是采用空心砖垒成的,里面填进精心筛选的土壤和草籽,在砖瓦下接通喷泉式水管,按时喷灌。数月后,绿油油的嫩草便从上面长出来,各种花也绽蕊开放。

2．生态房

英国诺次大学设计并建造了一种隔热性能特别好的生态房,它的热能来自人体散热、阳光及家电设备所产生的热量,家庭用电依靠安装在花园凉亭上的风力发电机和太阳能电池来提供。用的水是从屋檐流下储存在地下室的雨水,使用前用沙床过滤,粪便和污水则流入一个堆肥坑,经发酵后供花园施肥用。这座生态房建在科茨沃尔德自然保护区内,整座房屋占地 550 英亩,沿湖而建,是一座生态环保的住房。建造房屋所用的材料来自废弃的沙砾,同时,它广泛地应用地下热能、雨水、太阳能以及风力解决整座房屋的日常需求,如图 7-13 所示。

3．生态楼

德国柏林建造了第一座生态楼,大楼的正面安

装了一个面积为 64 平方米的太阳能电池板来储能,代替了普通玻璃(造价不比玻璃贵),屋顶的太阳能电池负责供应热水。屋顶设储水器,用它收集和储存的雨水来浇灌屋顶的草地,从草地渗透下去的水又回到储存器,然后流到大楼各个厕所冲洗马桶。楼顶的草地和储水器能局部改善大楼周围的气候,减少楼内的温度波动。

大楼中庭屋顶的巨大透明玻璃天窗根据阳光强度自动开关,任意变换开启角度,尽量把阳光均匀地分散到各个角落;外墙"穿上"4 种外墙保温体系"保暖内衣",楼内四季如春,节能 65% ~ 70%,如图 7-14 和图 7-15 所示。

🌱 图 7-13

🌱 图 7-14

🌱 图 7-15

瑞士建筑师事务所 Vetsch 设计的一系列生态概念的住宅虽然技术上并没有特别之处，但是它们与场地相融合的形态让人有种错觉，就像突然看到爱斯基摩人的冰屋和陕北农村的窑洞，这些很有高迪风格的、像泥巴捏出来的小屋似乎住起来很舒服，如图 7-16～图 7-18 所示。

🌐 图　7-16

🌐 图　7-17

🌐 图　7-18

4．生态村

英国科学家在英格兰中部建造了生态村。村舍采用风力发电，饮用水从钻井里抽取再储存在自来水系统里备用，排出的污水通过"生物净化系统"等处理。房屋基本建在地下，保温性能非常好，因而用不着供暖设备。房顶基本和地面相平，上面长满绿草，其中一部分由玻璃门窗构成，目的在于向室内提供自然光线和热能。

贝丁顿生态村位于伦敦西南外围城镇萨顿，就在赫利俄斯大街边上，这是未来道路的一个样板。贝丁顿生态村完成于 2002 年，是英国第一个也是最大的碳平衡生态社区，全称是贝丁顿零能源发展社区，英文缩写为 BedZED。几年来，贝丁顿生态村已经为"可持续生活"——即在不降低生活质量的同时把握好环境界限，由此积累了大量的经验，其他地方从这些经验中可以学到贝丁顿生态村的对错得失。贝丁顿生态村建筑的屋顶颜色鲜艳，风动通风帽在微风中转动，不断引入新鲜空气，同时将屋内的污浊空气排出。太阳能光伏电池板吸收太阳光线（即使在阴天也行），为总体复合能源提供能量。贝丁顿生态村所有的公寓都是朝南设计的，为的是最大限度地利用太阳光，并且采取措施保持冬暖夏凉。居民们有小型的温室和私家花园，其房屋内部的照明和其他装置都是节能型的，厨房和卫生间也都是节水装置。贝丁顿生态村的统计显示，节水装置已经把人均公共供水用量减少到每天 91 升，而英国的平均水平是 150 升，如图 7-19 和图 7-20 所示。

🌐 图　7-19

图 7-20

回归自然,关注健康,是室内设计所面临的重大课题和强烈愿望。当下,人们倾心追求的绿色理念和行为已逐渐深入人心。绿色设计在现代化的今天不仅仅是一句时髦的口号,而是关系到每一个人的切身利益的事。我们必须认识到:室内绿色设计在我国是一个正在研究探索中的新课题,它不成熟,也不完善,但是在一定意义上说,它把生态思想引入室内设计,扩展室内设计内涵,将把室内设计推向更高的层次和境界,这也将会推动建筑业对自然资源的使用从消费型向可循环使用型转化。从这两个层面综合评价,运用室内绿色设计是十分必要的,它可以指导设计师合理、正确、恰如其分地将这一理论上的创新付诸实践,为营造优美、舒适、健康、可持续发展的人居环境添砖加瓦。

思考题

当前绿色设计的主要方向是什么?

第7章 绿色设计——当代室内设计前瞻

147

参 考 文 献

[1] 张绮曼,郑曙旸. 室内设计资料集 [M]. 北京：中国建筑工业出版社，1991.

[2] 张青萍. 室内环境设计 [M]. 北京：中国林业出版社，2003.

[3] 张绮曼. 室内设计的风格样式与流派 [M]. 北京：中国建筑工业出版社，2000.

[4] 张绮曼,潘吾华. 室内设计资料集 [M]. 北京：中国建筑工业出版社，1999.

[5] 张绮曼. 环境艺术设计与理论 [M]. 北京：中国建筑工业出版社，1996.

[6] 约翰·D.霍格. 伊斯兰建筑 [M]. 陈欣欣,译. 北京：中国建筑工业出版社，1999.

[7] 《家居主张》编辑部. 居住的艺术 [M]. 上海：上海辞书出版社，2007.

[8] 斯蒂芬·利特尔. 流派（艺术卷）[M]. 祝帅,译. 北京：生活·读书·新知三联书店，2008.

[9] 左家奇. 简明艺术欣赏教程 [M]. 北京：机械工业出版社，2007.

[10] 邢瑜. 室内设计基础 [M]. 合肥：安徽美术出版社，2007.

[11] 郭承波. 中外室内设计简史 [M]. 北京：机械工业出版社，2007.

[12] 罗小未,蔡琬英. 外国建筑历史图说 [M]. 上海：同济大学出版社，2005.

[13] 徐勤. 设计概论 [M]. 北京：清华大学出版社，2007.

[14] 左力光. 民居建筑 [M]. 乌鲁木齐：新疆美术摄影出版社，2006.

[15] 朱丹,郭玉良. 家具设计 [M]. 北京：中国电力出版社，2008.

[16] 余肖红,李江晓. 古典家具装饰图案 [M]. 北京：中国建筑出版社，2008.

[17] 杨玮娣. 家具设计分析与应用 [M]. 北京：中国水利水电出版社，2007.